The Wine Catalog & Bible

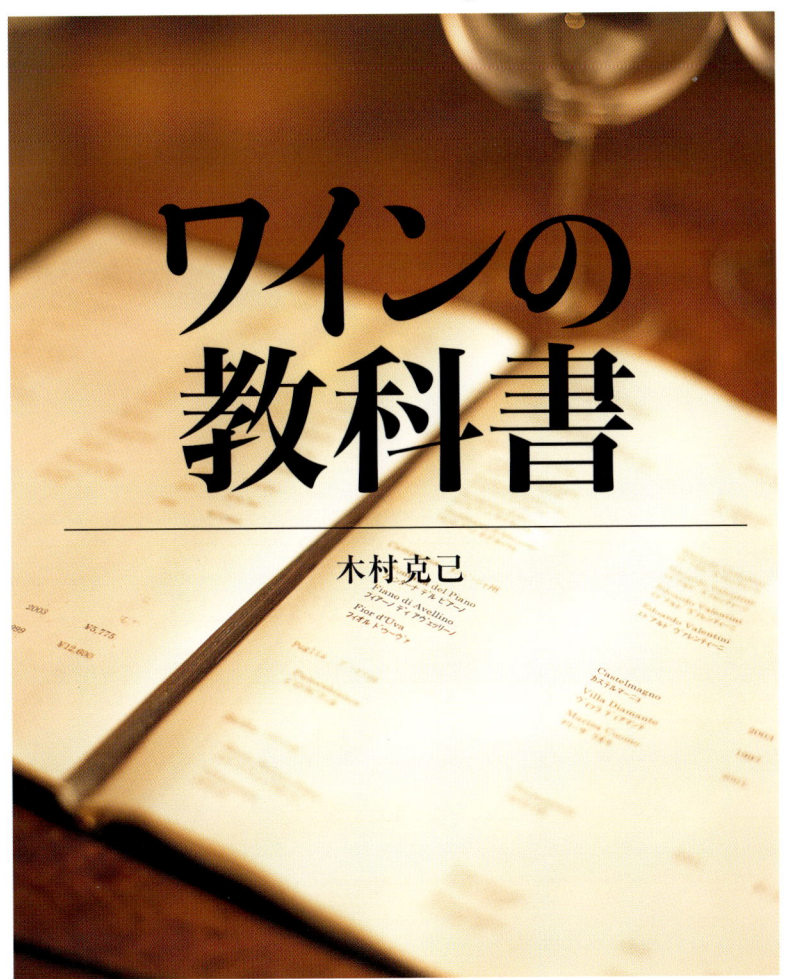

ワインの教科書

木村克己

introduction

はじめに

　お酒をサービスする仕事を選んで35年になった。誰かのために存在する必然と歴史を溶け込ませたタイムカプセルである。人の喜びをふくらませ、ときには悲しみをやわらげて、心と体に明日への活力をもたらしてくれる。なかでもワインは味わうことによって、育んだ土地と造り手の心象風景を映し出す絵画であると同時に、時空を超えた幾多の先人との交信機である。さらに学ぶことで世界中の人々と仲良くなれるすばらしい共通言語となるのである。

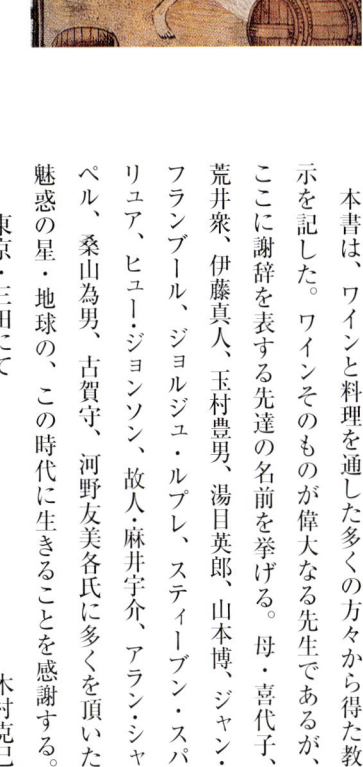

本書は、ワインと料理を通した多くの方々から得た教示を記した。ワインそのものが偉大なる先生であるが、ここに謝辞を表する先達の名前を挙げる。母・喜代子、荒井衆、伊藤真人、玉村豊男、湯目英郎、山本博、ジャン・フランブール、ジョルジュ・ルプレ、スティーブン・スパリュア、ヒュー・ジョンソン、故人・麻井宇介、アラン・シャペル、桑山為男、古賀守、河野友美各氏に多くを頂いた。魅惑の星・地球の、この時代に生きることを感謝する。

東京・三田にて

木村克己

Contents

第1章 ワインとは？

- Part1・酒と人間……8
- Part2・ワインの誕生……10
- Part3・古代・中世ヨーロッパのワイン……12
- Part4・醸造技術の発達〜進化する器〜……14
- Part5・ワイン、世界へ……16
- Part6・ジャパニーズ・ワイン……18

第2章 ワインのブドウ

- ワインにふさわしいブドウ……22
- カベルネ・ソーヴィニョン……24
- メルロー……26
- ピノ・ノワール……28
- シラー……30
- シャルドネ……32
- リースリング……34
- ソーヴィニョン・ブラン……36
- その他のワイン用ブドウ……38

第3章 地域別ワイン事情

- ボルドー（フランス）……42
- ブルゴーニュ（フランス）……48
- ボルドーVSブルゴーニュ……54
- コート・デュ・ローヌ（フランス）……56
- ピエモンテ（イタリア）……58
- トスカーナ（イタリア）……61
- ラインガウ（ドイツ）……64

第5章──ワイン学

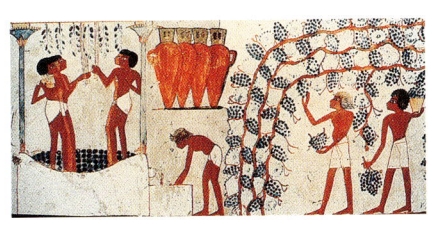

Lesson1 ワインができる場所……94
Lesson2 ワインの造り方……98
Lesson3 醸造テク……102
Lesson4 熟成……106
Lesson5 ワインの色……110
Lesson6 ヴィンテージ……114
Lesson7 ラベルの見方……118
Lesson8 テイスティング……122
Lesson9 グラス……126
Lesson10 選び方……130
Lesson11 料理……134
Lesson12 健康……138

モーゼル・ザール・ルーヴァー（ドイツ）……67
リオハ（スペイン）……70
スペインを代表する酒 シェリーの魅力……72

第4章──国別ワイン事情

フランス……74
イタリア……78
ドイツ……80
スペイン……82
アメリカ……84
オーストラリア……86
日本……88
ポルトガル……89
オーストリア……89
ハンガリー……90
その他ヨーロッパ……90
チリ……91
アルゼンチン……91
ニュージーランド……92
南アフリカ……92

タイプ別カタログ200

軽快で爽やかな白ワイン……144
なめらかではっきりとした白ワイン……152
コクのある風味豊かな白ワイン……160
甘口・濃厚な白ワイン……168
軽快で穏やかな赤ワイン……172
まろやかな飲み口の艶やかな赤ワイン……178
コクのある風味豊かな赤ワイン……187
鮮やかな味わいのロゼワイン……196
スパークリングワイン……198
ポートワイン＆シェリー……205

Column

ワインの法律……20
ワインのボトル……40
ワインの温度……142

STAFF

イラスト：大塚沙織
地図・図版製作：釜内克浩
デザイン：GRID（釜内由紀江、太田久美子、井上大輔）
撮影：永山弘子、望月ロウ（ロウクラフト）、横川誠
編集：バブーン（矢作美和、橋本一平、高木忍、坂本光司、後藤海織）

第1章

ワインとは？

Part 1 酒と人間

「飲む」といえば「酒を飲む」の同意語になるほど、
酒と人間のかかわりは深い。ワイン学の序章として、
"酒"というもの全体の成り立ちを踏まえておくことにしよう。

酒の起源について、世界各地に伝わる話に猿酒の伝説がある。細かい部分は土地によって違うが、猿が木の実や果実などを集めて隠しておいたところ、自然にアルコール発酵して酒になったというのが大筋である。

SAKEは日本の清酒を意味する英語として広まりつつあるが、日本語の「酒」は、ワインやビールなども含めたアルコール飲料全般をさす。

アルコール飲料とは、糖質やデンプンが糖化・発酵して生まれるエチルアルコールを含む飲み物。これは人間が意図的、計画的に造るものだ。

太古の昔、ハチミツや果物、穀物が偶然に発酵して"アルコールを含む液体"が生まれたことは否定できないが、そうした偶然まかせでは質も量も時期も安定しない。酒は人類の登場があって、初めて有用な飲み物

上質なブドウの実を収穫することからワイン造りがスタートする

コバノガマズミ。実が自然発酵した酒を、昔の猟師は猿酒と呼んだ

として生産される。

酒を造るために必要な4つの条件とは？

飲み物としての酒を造るには、次に挙げる4つの条件が必要だ。
① 原料の果実や穀物を、協働して大量に一時／同時に一か所に集める
② 水が一滴も漏れない大きな容器を造り、そこに処理した原料を仕込む
③ 数日から十数日の間、誘惑に負けず、"わざと忘れて"発酵の完了を待つ
④ 飲むための器で計画的に飲む。適切に保存し熟成させる

以上4つの条件を考えると、猿酒は伝説にすぎない。酒の姿は多種多様だが、造り方は3つ。穀物のデンプンを糖化、あるいは果汁など元々糖分があるものを発酵させる「醸造酒」、醸造酒を蒸溜する「蒸溜酒」、醸造酒や蒸溜酒に果汁や香料などを混ぜた「混成酒」である。ワインはブドウの果汁に含まれる糖分を発酵させる醸造酒だから、米のデンプンを糖に変えてから発酵させるビールや日本酒、蒸溜が必要な焼酎などよりシンプルな酒。だからこそ、原料となるブドウの品質が重要となり、銘酒のラベルには品種や生産村や畑の名前まで明記されるのである。

フランス・ボルドーの朝市。ワインの量り売りをしているところ

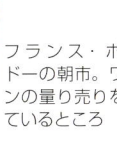

Part ② ワインの誕生

"ワイン"という言葉には、意外な由来があった。
人類の大先輩であるブドウと酵母が、自然界のままの状態で発酵準備を整えていたことは、まさに奇跡としかいいようがない。

元気で活発な人のことを「バイタリティ(vitality)あふれる人」という。そのはず、ヴィタミンなわけだが、それも実はvitalityの語源は、意外にもブドウに由来している。

ラテン語ではブドウがvitis(ヴィティス)、ブドウから造った酒がvinum(ヴィヌム)だ。ここからワインは各国語でそれぞれ、wine(ワイン、英語)、vin(ヴァン、フランス語)、wein(ヴァイン、ドイツ語)、vino(ヴィーノ、イタリア語・スペイン語)、vihno(ヴィーニョ、ポルトガル語)となった。

つまりブドウは人間の元気の源、ヴィタミンなわけだが、それもそのはず。人類誕生が今から200万年ほど前なのに対して、ブドウは6000万年前には今と同じ形の実をつけていたらしい。ブドウは、人類がはじめて食べた果物という可能性のある、ロマンあふれる果物なのだ。

**酵母の誕生は35億年前！
ブドウの皮にも住んでいた**

発酵に必要な微生物である酵母は、35億年ほど前から地球上に存在していたと推測される。さらにブドウの

楔形文字で『ギルガメッシュ叙事詩』の一部が記されている粘土板

実の皮には自然に酵母が付着していて、果汁を搾り取れば発酵の用意までが整っていたというのだから、そこに神秘的な出会いと必然性を感じずにはいられない。ブドウと酵母は人間より先輩だが、肝心のワインが生まれたのはいつごろか。

ワインについての現存最古の資料は、紀元前2000年ごろにメソポタミアで書かれた『ギルガメッシュ叙事詩』。紀元前5000〜4000年ごろのことを書いた資料で、今のところ、さかのぼれるのはこの辺りまでだ。一方で旧約聖書ネヘミヤの書には「献酌官」なる表記もある。

紀元前3000〜1500年ごろの間にエジプトでもワイン造りが行われたが、ワインは王族と主君のもの。庶民の間にワインが普及するのは、紀元前1500年以降、ギリシャやローマに伝わってからになる。

古代エジプトでのワイン造りを今に伝える壁画。収穫などの様子が描かれている

Part ③ 古代・中世ヨーロッパのワイン

「このパンはわが肉、このワインはわが血」——
ローマ人によってヨーロッパ各地に広まったワインは、
キリスト教の発展とともに、人々の間にますます深く浸透していく。

修道院の食堂の壁に描かれた『最後の晩餐』は、ダ・ヴィンチの数少ない完成作品のひとつだ

イエス・キリストが十字架に打ち付けられている構図を、誰でも一度は見たことがあるだろう。この磔刑(たっけい)は紀元30年に"執行"されたもので、その前日の夜、キリストは12人の弟子たちと一緒に食事をした。これがレオナルド・ダ・ヴィンチの絵でも有名な『最後の晩餐』である。このときキリストは「このパンはわが肉、このワインはわが血、記念せよ」という言葉を残した。

"キリストの血"という、これ以上ないほどの権威を身にまとったワインは、当然ながらキリスト教において必要不可欠の存在となっていく。

ローマがワイン地図を拡大 修道院はワイナリー的存在に

少し時代が前後するが、古代のヨーロッパを支配したのはご存じローマ

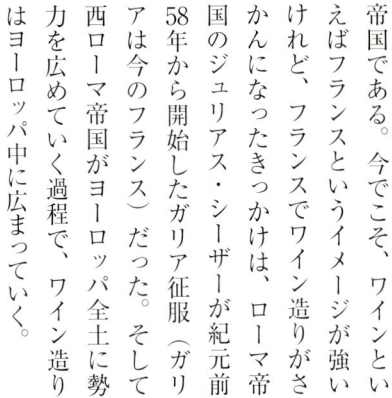

ジュリアス・シーザーは文筆家でもあった。『ガリア戦記』は自著

帝国である。今でこそ、ワインといえばフランスというイメージが強いけれど、フランスでワイン造りがさかんになったきっかけは、ローマ帝国のジュリアス・シーザーが紀元前58年から開始したガリア征服（ガリアは今のフランス）だった。そして西ローマ帝国がヨーロッパ全土に勢力を広めていく過程で、ワイン造りはヨーロッパ中に広まっていく。

476年を境に、西ローマ帝国が滅亡したのを境に、時代区分は古代から中世へと移る。次の覇者はフランク王国である。768年に王となったシャルルマーニュ（カール）大帝は、ワイン産業を振興奨励したことで知られる。

また彼はキリスト教を正教として統治を行ったので、ヨーロッパ全域でキリスト教の勢力が強まっていく。となると、キリスト教にとって大切なワインという飲み物が、キリスト教勢力の拡大とともにヨーロッパの人々の間に浸透していくのは当然のなりゆきだった。

ワインの発展に貢献した、フランク王国のシャルルマーニュ大帝

から、自分たちにとって重要なワインだから、自分たちで造る──。このころ、ワイン造りの中心はキリスト教の修道院だった。各地の修道院が今でいうワイナリーや研究所のような役割を果たしていたのである。

Part 4 醸造技術の発達
～進化する器～

あらゆる産業がそうであるように、ワイン造りもまた時代とともに進歩してきた。ここでは、古代の土器からステンレス製のタンクへと変遷する技術革新の流れを追ってみたい。

人類は"器"というものを発明したことで、「大量にある物」「手で持てない物や液体」を管理できるようになった。これによって、ワインも貯蔵可能になったのである。

初期のワイン造りで用いられていた容器がアンフォラである。アンフォラは「両側（を持って）・運ぶ」という意味で、上部両側の取っ手でひとりでも持ち運びができる先鋭土器。省スペースに向く縦長の物が多い。"古代遺跡から発掘された"ようなデザインで、古代ロマンをかきたてられる。

アンフォラはワインのほか油や穀物などの保管・輸送にも使われた

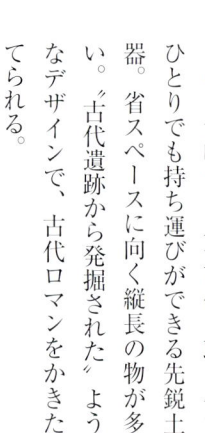

作りたてで白い色の樽も、醸造に使われるうち年季を帯びていく

科学技術が発達することでワイン造りも影響を受けた

とはいえ、より高性能な道具が現れれば取って代わられるのが定め。その道具こそ、現代まで使い続けられている木樽である。

木樽がいつ生まれたか、詳しくはわかっていない。ワイン用の木樽の誕生という意味では、古代ガリア人の戦闘用イカダの〝浮き〟をオリーブオイルやワインの貯蔵・運搬に転用したのではないか、と考えられる。

アンフォラと木樽を比べると、容量、持ち運びやすさ、強度などあらゆる面で木樽に軍配が上がる。とくに、木樽によるワインの保存熟成は味をよくする効果がある。このことは、今でも高級ワインの多くが木樽熟成を経て出荷されることからもわかる。

18世紀後半にイギリスから始まった産業革命をきっかけに、エネルギーや地下資源の活用、科学技術が世界に広がる。アンフォラから木樽に移行したのと同じように、今度は木樽や木桶がセメント製やステンレス製のタンクへと替わっていく。

タンクは樽や桶と違って気密性が高く、タンクの壁から何らかの成分がワインに溶け込んでいくこともない。造り手の意図をほぼ完全に反映できるわけだが、木樽や木桶による自然さや天然の質感が失われるのもまた事実だ。世界各国のワイナリーが、最新のテクノロジーと古きよき伝統からいいとこ取りしたワインを造ろうと、日々試行錯誤を続けているのである。

Part ⑤ ワイン、世界へ

近世ヨーロッパのワイン地図は、大航海時代の幕開けによって世界へと拡大していく。いち早くワインを得たチリを中心に、新世界と呼ばれる銘醸地の誕生を見ていこう。

15世紀、ヨーロッパは大航海時代と呼ばれる賑やかな往き来と貿易の時に。スペインとポルトガルを筆頭に、各国が世界各地へと船を出し植民地を獲得していった。

ローマ帝国は領土拡大にともなってヨーロッパ中にワインを広めたが、それと同じく、この大航海時代、各国の大きな船に乗って世界中にワインが伝わっていく。また、ブドウの好適地が狭い特定エリアだけに限られず、世界各地にあったことも好運の巡り合わせだったといえる。

スペインから南米のチリへ ワインが世界にデビュー

ヨーロッパのワインが海と大陸を越えて最初に到着したのは、南米ワインの中心的な産地、チリだった。16世紀の前半、チリはスペイン人に征服され、キリスト教の聖祭に使うためのワイン造りが起源となり、教会や修道院がワイン造りを推し進めるうちに、次第に一般の人たちの

チリを征服してサンチャゴ市を創設した、スペインのペドロ・デ・バルディビア

チリにあるベンティスケイロ・ワイナリーのブドウ畑。広大な自然に美しく広がる

間にもワインが浸透していった。

少し開いて1851年。チリのブドウ栽培の父、シルヴェストーレ・オチャガビアという人物が、フランスからカベルネ・ソーヴィニョン種をはじめとする数多くの高級品種を輸入し、栽培を始めた。今でも、チリのワインは高級品種が多い。

チリとほぼ同じ時期に、スペイン人神父がアルゼンチンにワインを伝えたほか、アメリカには16世紀の半ばにフランスからの移民がフロリダで、修道僧たちがカリフォルニアで醸造を開始した。

南アフリカは1652年にオランダの植民地となり、その数年後にはワイン生産がスタート。そして18世紀の末に、ようやくイギリスからオーストラリアにワイン醸造がもたらされ、世界のおもな銘醸地がひととおり出そろうこととなった。

Part 6 ジャパニーズ・ワイン

日本のボルドーと呼ばれる山梨県・甲府盆地。ワインを飲まない人でも、「日本のワインといえば勝沼でしょう」というぐらいは知っているに違いない。なぜ、山梨なのか。

2005年11月1日、山梨県の塩山市、勝沼町、大和村の3市町村が合併し、新しい市が誕生した。その名も「甲州市」。市のマークはブドウの実をモチーフにしているし、日本古来のワイン用ブドウの代表品種もまた〝甲州〟という。名実ともに、日本のワイン産業のメインシティが生まれたといっていいだろう。

とはいえ、甲州市の誕生を待たずとも、日本のワインといえば山梨、というイメージが一般的である。なぜ、山梨なのだろうか。

実が成熟してゆく夏に多雨多湿の日本は、ブドウ栽培に向いていない。そのなかで、降雨量が少なく水はけもよい山梨の甲府盆地は、昼と夜の温度差も大きく、数少ないブドウ栽培の適地とされる。

ブドウの栽培自体は江戸時代から

甲州種は香り、味とも穏やかな品種。甲州市の市章は武田菱とブドウの実をモチーフにしている

ワイナリー第1号も山梨から戦後のワインブームで発展

行われていたが、生食用果物がおもである（ワイン用ブドウの割合は約10％弱）。

室町時代にはワインは日本にもたらされてはいたが、新政府の殖産興業政策もあって、日本初のワインが造られたのは明治時代に入ってからだった。

1877年、ようやく日本初のワイナリーである大日本山梨葡萄酒会社（現メルシャンの前身）が設立される。第二次大戦後までは甘味ブドウ酒以外の生産は少なかったが、高度成長時代から、何次にもわたりワインブームが押し寄せる。山梨にも数多くのワイナリーが設立され、本格的な国産ワインの先駆者として、日本各地でワインが醸されるようになってきた。

近年の国産ワインの生産量は7000〜9000万ℓで、そのうち山梨産は約3000万ℓと、全体の30％強を占める。ちなみに、世界の2強であるフランスとイタリアのワイン生産量は、それぞれ50億ℓ前後である。

大日本山梨葡萄酒会社は土屋助次郎と高野正誠を1877年にフランスのシャンパーニュ地方へ派遣し、ワイン造りを学ばせた

日本のワインブームをいっそう推し進めたボージョレ・ヌーボー

ワインの法律

【代表的な国々のワインの決まり】

国が変われば法律の目的も変わる

代表的なワイン生産国では、ワインの品質を管理するワイン法が定められている。国によってワインのとらえ方が違うため、法律の目的も少し異なる。

膨大な種類が存在するフランスワインは、AOC法で厳重に管理されている。AOC法とは、原産地や醸造法、ブドウ品種や単位面積のブドウ収穫量などを厳密に定め、国が品質を保証する制度のこと。生産地や生産者の名称保護、購入者の信用を得ることが目的である。

ドイツでは日常ワインと高級ワインとが歴然と分けられ、甘口ほど高級だという概念があり、ブドウ果の糖度のレベルによってランクを付けるのが特徴だ。

イタリアでは、地理的な区分けを主としている。しかし、最近では伝統的な製法やブドウ品種にとらわれないワイナリーや無名の生産地から上質なワインが生産されており、「国家が認めたワイン」と「市場が認めたワイン」が流通している。

ワイン大国の品質分類

国名	品質分類
フランス	AOC法によって管理されている。品質分類は、AOC（原産地統制呼称ワイン）、VDQS（優良品質限定ワイン）、Vins de pays、Vins de Table（テーブルワイン）がある。
ドイツ	QmP、QbA、Deutscher Landwein、Deutscher Tafelweinに格付けされる。QmPはブドウの熟度と収穫方法により、さらにカビネット、シュペートレーゼ、アウスレーゼ、ベーレンアウスレーゼ、アイスヴァイン、トロッケンベーレンアウスレーゼの6段階（肩書き）に分けられる。
イタリア	品質分類は、DOCG、DOC、IGT、Vino da Tavola。DOCGは最低5年以上DOCでなければならないなど、厳しい条件が与えられている。

第2章

ワインのブドウ

ワインにふさわしいブドウ

ワインの味わい、香り、喉越しは、銘柄によってさまざま。こうした個性は、醸造方法はもとより原料となるブドウの質が大きく影響する。

全世界でのブドウ栽培面積は約780万ヘクタールにおよび、収穫されるブドウはワイン醸造用と生食用、干しブドウ用に分けられる。では、ワイン醸造用のブドウにはどのような特徴があるのだろうか。

まず、味。糖度が高く果肉に甘い反面、種を包むゼリー状の部分は酸っぱく感じる。これは、酸味がワインの味を締め、保存性にも重要な意味を持つからだ。また、糖はアルコールのもととなる。

次に見た目。果粒は小さく、果皮の比率が大きい。皮の厚みや色素の濃さは色、渋みと風味の強さに比例する。また、果粒と果皮の間の部分がしっかりしているほど、コクと濃い渋みのある赤ワインができる。

何千種というブドウ品種のうち、優れたワインを生み出せるのはわずか数十種である。しかし、優秀な品種を栽培すれば必ずおいしいワインが造れる訳ではない。最適な土地は限られ、手間がかかるうえに収穫量も少ない。完熟期に雨が降れば味は薄くなり、気温が低ければ酸味が強くなる。適地と人と気候条件がそろったときに、実力を発揮するのだ。

おもなブドウ品種

赤ワイン
カベルネ・ソーヴィニヨン種、メルロー種、ピノ・ノワール種、シラー種、マルベック種、ガメイ種、カベルネ・フラン種、サンジョベーゼ種、テンプラニーリョ種、ネッビオーロ種、タナ種、ガルナッチャ種

白ワイン
シャルドネ種、リースリング種、ソーヴィニョン・ブラン種、ピノ・ブラン種、ピノ・グリ種、セミヨン種、トレッビアーノ種（ユニ・ブラン種）、シュナン・ブラン種、マカベーオ種、ヴィオニエ種、甲州種

Cabernet Sauvignon

カベルネ・ソーヴィニヨン

フランスのボルドー地方を中心に
多くの国と地域で栽培されている著名品種。
濃厚な色と味わいで、熟成するほど風味が増す。

各地で栽培される一番人気の赤ワイン用ブドウ

ボルドー地方は、フランスを代表する世界的なワイン生産地域。なかでも、メドック地区とグラーヴ地区の赤ワイン造りの主体となるのがカベルネ・ソーヴィニョン種だ。誰しもが一度は耳にしたことのある有名品種である。

この品種は栽培適地が広く、色みの濃い、芳醇で味のしっかりとした赤ワインを造ることができる。ポリフェノールの一種であるタンニンを多く含み、若いうちはスパイシーで渋みが強いが、長期間の熟成を経るとまろやかな香りと味わいが引き出される。そのため、世界中で高い人気を誇っている。

ボルドーワインのイメージが強いが、西・南フランス地方をはじめ、オーストラリアやチリ、カリフォルニア、南アフリカ、アルゼンチンなど世界各地で栽培されている。ボルドー地方ではメルロー種やカベルネ・フラン種と組み合わせるのが一般的だが、オーストラリ

Data カベルネ・ソーヴィニヨン

歴史

フランスのボルドー地方で、18世紀末にブドウ畑が改良されるまで今ほどポピュラーではなかった。19世紀後半のフィロキセラ被害をきっかけに、ボルドー地方から隣国スペインへと伝わった。

オーストラリアで栽培が始まった時期は不明だが、1965年にはカベルネ・ソーヴィニヨン種とシラー種とのブレンドが行われていたという。

1980年代に入るとフランス全域で栽培量が増加。「売れるワイン」のブドウ品種として広まり、その他の伝統品種からの植え替えが進んだ。

栽培地域

フランス・ボルドー地方のメドック地区とグラーヴ地区を中心に、イタリア、スペインのほか、ブルガリアやルーマニア、カザフスタン、量は多くないがハンガリー、オーストリア、レバノン、ギリシャでも栽培されている。

ヨーロッパ以外では、アルゼンチンやペルー、メキシコ、ブラジル、ウルグアイ、チリなど南米の国々、オーストラリア、ニュージーランド、南アフリカなど、伝統的なワイン生産地域から近年ワイン生産を始めた地域まで栽培地域は幅広い。

特徴

温暖な気候を好み、成熟がやや遅い。果実は小粒で果皮が厚く、香味成分やタンニンが多く含まれている。そのためこの品種らしさを発揮した、味が濃く、華やかな香りのワインを造ることができる。色素は紫や赤に比べて濃紺の比率が多く、深い色みの赤ワインができあがる。時間がたつとさらに風味が増すので、この品種を用いたワインは、長期熟成に向くといえるだろう。

アではシラー種、イタリアのトスカーナではサンジョベーゼ種など各地の在来種とブレンドされることもある。また、チリやカリフォルニアといった乾燥した土地で育てられたカベルネ・ソーヴィニヨン種は単独で醸造されることが多い。

このように、ボルドー地方を原点としながら、各地各様の工夫が凝らされ、広く親しまれている。

こんな銘柄がおすすめ

ドメーヌ・ミューラー・デル・カベルネ・ソーヴィニヨン p185

イーグルホーク カベルネ・ソーヴィニヨン p182

グランポレール 長野古里ぶどう園 カベルネ・ソーヴィニヨン 2003(赤) p193

シャトー・ソシアンド・マレ p188

Merlot

メルロー

フランス国内で、最大の栽培量を誇る品種。
口当たりがよくまろやかな味わいを持ち、
カベルネ・ソーヴィニョン種のよきパートナーだ。

メルロー

ふくよかな風味を持ち脇役もこなす実力派

ボルドー地方でカベルネ・ソーヴィニョン種と並び高い地位にあるのがメルロー種である。とくに、サンテミリオン地区、ポムロール地区では傑出したワインを生み出す。湿気や寒さに強く、カベルネ・ソーヴィニョン種よりも早く開花、成熟し、育てやすく良質なワインになることから赤ワイン品種としてフランス国内でも栽培量が増加している。

メルロー種は、カベルネ・ソーヴィニョン種に比べて、マイルドでフルーティなので、この2種はブレンドして使われることが多い。いわばカベルネ・ソーヴィニョン種と引き立て合うパートナーのような存在である。

フランス以外の国では「渋みが少なく飲みやすい」と、カベルネ・ソーヴィニョン種よりも評価が高い地域もある。たとえば、カリフォルニアでは一部で「赤のシャルドネ」と評され、ブレンドしたワインより単独で醸造したものの人気が高い。

また、日本国内で

Data メルロー

歴史
1784年にはすでに、サンテミリオン地区とポムロール地区で栽培されていたという記述が残っている。

栽培地域
フランス・ボルドー地方のなかでもサンテミリオン地区とポムロール地区での栽培比率が高い。

フランス以外では、ブルガリア、イタリア北東部、ハンガリー北東部、ロシア、スイス、スロヴァキアなど、比較的涼しい気候の地域で栽培がさかんだ。

アメリカ合衆国では、カリフォルニアやワシントン州で栽培され、収穫量を制限して凝縮感を強くしてもソフトな味わいになると評判だ。

また、南米では、チリやアルゼンチンなどの国で欠かせないものとなっている。最近では、オーストラリアとニュージーランド、南アフリカでは、メルロー種のブームで、栽培量が増加しつつある。

特徴
果実は大きく皮は薄い。黒に近い青色で、タンニンが少なく糖度が高い。

甘い香りを持ち、サンテミリオン地区でとれるものは、ジャムや熟したプラムのような風味がある。渋みが少なく口当たりもまろやかなので、味をまるくするためと栽培のリスクを軽減させる方策の結果としてカベルネ・ソーヴィニョン種とブレンドすることが多い。

涼しく湿気の多い土壌でも元気に育つが、逆に水はけのよい土地では完熟しにくい。

フランス国内で、最も多く栽培される赤ワイン用品種として知られている。また、温かい年のメルロー種はワインのアルコール分が高くなるという特徴がある。

近年では長野県、山梨県、山形県などの山間の土地で、極めて高品質のワインを生み出している。国際的な評価も高く、メルロー酒は国産赤ワインの希望の星となっている。

このほかの国でも、生産量はまだ少ないがメルロー種の人気は高まる一方である。赤ワイン界の王様であるカベルネ・ソーヴィニョン種の座に、最も近いのはメルロー種だろう。

こんな銘柄がおすすめ

奥出雲ワイン・メルロ → p176

デリカート・メルロー → p174

シャトー・シオラック → p188

コリーヌ・セレクション・ルージュ・ゴールド メルロー＆カベルネ・ソーヴィニョン → p183

Pinot Noir

ピノ・ノワール

果汁の糖度が高く、上質な赤ワインの原料となる。
栽培適地が限定されているため収穫量が少なく、
一部の地域でのみ栽培される貴重な存在だ。

ピノ・ノワール

気難しい性格の魅惑の果実

ピノ・ノワール種は小粒で糖度の高い果汁を持つ、香り高い魅惑的な品種である。しかし、栽培される地域は限定され、ほかの代表的な赤ワイン品種と比べてヘクタールあたりの収穫量も少ない。

ピノ・ノワール種は成熟するのが比較的早く、温暖な気候のもとで熟しすぎたピノ・ノワール種からは、その独特の甘美な香りと精緻な味わいを造り出すことはできない。穏やかな日光が、長く当たり続ける高緯度地方や日中と夜間の寒暖差の大きな土地を好むのだ。

そのため、現在はフランス・ブルゴーニュ地方のコート・ドール地区、シャンパーニュ地方、ニュージーランド、アメリカ合衆国のオレゴン、カリフォルニアなどの限られた冷涼地でのみ栽培されている。

しかし、チリやオーストラリアといった比較的温暖な国々でも適地を見つけて、生産に成功した例がある。

ピノ・ノワール種

Data ピノ・ノワール

歴史

この品種の歴史は古く、紀元前4世紀にはブルゴーニュ地方に存在していたという記録がある。長い間この地方のコート・ドール地区とシャンパーニュ地方で、高貴な赤ワインを造る品種としてキリスト教修道僧によって栽培されていた。気候激変ののち、試行錯誤の結果シャンパンの原料としても使われるようになった。

ほかの国々でも栽培が試みられ、1980年代後半にはカリフォルニアで、1990年代初めにはニュージーランドとオーストラリアでの産出に成功した。

栽培地域

フランス・ブルゴーニュ地方のコート・ドール地区が本家本元。ほかにアルザス地方でも栽培されている。栽培に適した土地が少ないため、ニュージーランド、オーストラリアのヤラ・ヴァレーやタスマニア島、アメリカ合衆国のオレゴン、カリフォルニアのカーネロス地区など、限られた冷涼地でのみ栽培されている。

また、カナダのオンタリオ州といった比較的涼しい地域やチリなどでも小規模ながら、生産が見られる。

ドイツ、ハンガリー、オーストリアでも栽培されるが、やや寒冷なためすばらしい出来の年がまだ少ないようだ。

特徴

栽培が困難であるため、一部の地域でのみ収穫される。小粒で皮が薄く、種子が小さいため渋みが少ない。ポリフェノールの一種であるタンニンの含有量は低いが、特有のなめらかな風味がある。

若いうちは黒チェリーやラズベリーなど甘酸っぱいベリー系のフルーツを思わせる香りがし、熟成を重ねると葉巻きやジビエのような香りに変化する。

若いうちはフレッシュなフルーツ香が楽しめ、熟成すると土やキノコ、野生の肉を思わせる風味が現れる。ほかのブドウ品種とブレンドされることは少なく、その風味をいかすため、ピノ・ノワール種単独で醸造されることが多い。また、フランスのシャンパーニュ地方では、主要品種として重宝され、シャルドネ種やピノ・ムニエ種とブレンドされる。

こんな銘柄がおすすめ

- カッシェロ・デル・ディアブロ ピノ・ノワール p177
- ファイアス ティード ピノ・ノワール p174
- ゴッセ ブリュット・エクセレンス p199
- ドライランズ・ピノ・ノワール p177

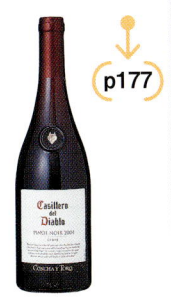

Syrah

シラー

オーストラリアで一番収穫される赤ワイン品種。
ほかの国ではややメジャー感に欠けるが、
これから評価が上がる可能性を秘めている。

将来有望な赤ワイン品種のホープ

シラー種の果実はタンニンを多く含むことから、色が濃くパワフルでキレ味のよい赤ワインができる。加えて病害に強く、比較的育てやすい。にも関わらず、代表的な銘柄がないためかいまだにマイナーな存在だ。

しかし、ここ10年の間で各地で評価が上がり始めている。

代表的な産地はフランスとオーストラリアである。フランスでは、コート・デュ・ローヌ地方北部のエルミタージュとコート・ロティが栽培の中心地なのだが、南フランスの広域でも栽培がさかんになってきており、1980年代の20年間で収穫量が10倍近くになった。

一方、オーストラリアでは「シラーズ」という名称で、国内最大の収穫量を誇り、最も幅広いファンを持つ赤ワイン用品種として知られている。

コート・デュ・ローヌの代表銘柄「コート・ロティ」、「エルミタージュ」には、ほぼ単独で用いられるが、オーストラリ

シラー

Data シラー

歴史
原産地はコート・デュ・ローヌ地方だという説が有力だ。

フランスのシラー栽培は、1970年ごろまでローヌ河北部と周辺でのみ行われていた。その後、フランス南部全域で栽培面積が増え、とくに、ラングドック地方で栽培がさかんになった。

オーストラリアでは、1990年代に赤ワインの消費に火がつき栽培量が増加している。

栽培地域
紫外線が強く温暖でありながら、昼夜の寒暖差が極端な水はけのよい土地が向く。南フランス全土とオーストラリア、イタリアではトスカーナ地方、アメリカ合衆国では南カリフォルニア、ワシントン、南アフリカではステレンボッシュで栽培されている。

力強い赤ワインを生むが、潜在的に強い酸味がある。オーストラリアでは、濃い赤色のスパークリングワインがブームとなっていて、シラーズを使ったオーストラリア産のスパークリングワインが、日本でも見つけられる。気軽な楽しいワインでもある。

特徴
果実の収穫量が多く、病気に強いので有機農法の例が多い。成熟が比較的早く育てやすい。

タンニンが多く、若いうちは暗赤色で少し渋みが感じられるが寝かせると味がまるくなるため長期熟成タイプのワインに向く。名産地であるフランスのコード・デュ・ローヌ地方では、他品種とブレンドされることは少ないが、そのほかのフランス南部の地域ではブレンドされることが多い。

アでは、カベルネ・ソーヴィニョン種などとブレンドされることが多い。

また、同じオーストラリア国内でも、栽培された地域によって特徴が変化するのがおもしろい。冷涼なヴィクトリア州のシラー種から造られるワインは黒胡椒を思わせるスパイシーな香りがあり、温暖なバロッサ・ヴァレー州のシラー種を使って醸造すると濃厚な赤ワインに仕上がる。

こんな銘柄がおすすめ

モナステリオ・デ・サンタ・アナ シラー p182

イエローテイル・シラーズ p175

ウルフ・ブラス イエローラベル シラーズ p193

コルナス p188

Chardonnay

シャルドネ

白ワインの原料として重要なポジションにある
シャルドネ種はシャンパン造りにも貢献。
世界各地に高い需要がある超売れっ子品種だ。

知名度ナンバーワンの白ブドウ

辛口白ワインの代名詞的な存在となって、日本でもすっかり定着したシャルドネ種。フルーツの甘い香りとナッツのような香ばしさ、芳醇なボリューム感と飲みやすさが魅力だ。初心者からワイン愛好家まで幅広い層に知られ、「白ワイン」と聞いて、この品種名を思い浮かべる人も多い。

シャルドネ種の栽培は、辛口白ワインの名産地であるフランス・ブルゴーニュ地方のシャブリ地区が筆頭だ。ちなみに、シャブリ地区では、シャルドネ種を単独で醸造するのが一般的だが、オーストラリアやカリフォルニアなどの地域では、他品種とブレンドして醸造することも多い。平板になりかねない性質のほかの品種にふくらみを付与してくれるのだ。

また、オーク樽が持つバニラ香やスモーキーな風味とよくなじむこともあり、ファン層が広まる要因となっている。フランス北部では、シャンパーニュ地方などで栽培されている。繊細さを表現

シャルドネ

32

Data シャルドネ

するシャルドネ種は、熟成することによって深い余韻とシャープさを併せ持つ。このような特徴から、シャンパーニュ地方では、エレガントなシャンパンの原料として欠かせない存在となっている。

シャルドネ種が世界中から愛され、高い人気を誇っているのは、味わいはもちろん、この多様性も大きく影響している。

■歴史

以前はピノ・ノワール種が突然変異したと考えられていた。しかし、現在では分類学上その可能性は低いといわれており、明確な原産地はわかっていない。

■栽培地域

品種改良を重ね、霜に対する耐久性が向上したため、フランス全土で普及している。

ブルゴーニュ地方全域とシャブリ地区、シャンパーニュ地方が栽培の中心地だが、需要が高く、シャルドネらしさが表現しやすいうえに、栽培も容易なので、そのほかにもオーストラリア、ニュージーランド、イタリア、アメリカ合衆国のカリフォルニアやワシントン州、テキサス、チリと、世界各国の広い地域で栽培されている。

安価なものから非常に高額なものまであり、適地で栽培されたものは長いフレーバーを持つ。

■特徴

たとえようのない、華やかな香りが最大の特色で白ワインとして、トップクラスの人気を誇る。ただし、房を摘み取るタイミングが肝心で、成熟しすぎると独特の酸味が失われる。

栽培される環境や気候、醸造方法などで味わいが変わり、オーストラリアで栽培されるシャルドネ種は、甘口のタイプから爽やかな香りのするものまである。ニュージーランドのものはフルーティで酸味が強い。

ブルゴーニュ地方のマコン地区やオーストラリアでは貴腐の甘口が造られていて、甘口にも辛口にもいかようにもなるシャルドネ種の順応力の高さは、ワイン生産者の腕を示す素材でもある。

こんな銘柄がおすすめ

ⅢB（トワベー）・エ・オウモン 白 → p154

シャブリ グラン・クリュ ヴォーデジール → p153

プレジール・ド・メール・シャルドネ → p166

シャトー・メルシャン 長野シャルドネ → p157

Riesling

リースリング

涼しく日当たりのよい土地を好むドイツの代表格。
モーゼル河、ザール河、ルーヴァー河流域で
おもに栽培され、広く支持されている。

甘みと酸味を兼ね備えた深い味わいの優秀な品種

ヨーロッパ内陸部における白ワインのメッカ・ドイツを象徴するリースリング種。この品種はじっくり熟成することによって、糖度が高くなるだけでなく酸も充分に含まれ、甘みと酸味の調和がとれたブドウとなる。さらに凝縮したミネラル味が味わいの深みと飲み口の爽快さ、体調に心地よさをもたらしてくれる。清らかな香りもすばらしく、ワインの甘口、辛口を問わず高い人気がある。

リースリング種はドイツ国内でも冷涼な、モーゼル・ザール・ルーヴァー地域とライン河流域でさかんに栽培されている。これは、高緯度地域の涼しい場所でゆるやかに成熟したほうが豊かな香りと風味を持つためだ。

畑は極端に蛇行した川沿いの日当たりのよい急傾斜面に設けられ、さらに日光が川面に反射してブドウが育まれる。

穏やかな太陽の光を好むリースリング種は日照量の長い南西向きの畑で育てられると、エキス分が高い、口当たりのまろ

やかな逸品になる。

同じドイツのファルツ地域は、日当たりがよく乾燥しており、刺激的な香りを持つユニークな味わいのものになる。また、ブドウ木と房が頑固で寒さに堪えるので、貴腐ワインやアイスヴァインの収穫が可能だ。

このように、栽培される土地や収穫時期によって風味や特徴の違いが顕著なのも特徴のひとつである。

Data リースリング

歴史
400年以上前からドイツで栽培されてきた。モーゼル・ザール・ルーヴァー地域、ライン河とその支流が代表的な栽培地域である。

栽培地域
ドイツでは、モーゼル・ザール・ルーヴァー地域とファルツ地区が1、2を争う産地である。

また、フランスではアルザス地方が有名でここではアルコール分の高い、辛口の白ワインとして醸造される。

オーストラリアでも育てられ、優秀なワインを生み出している。ヨーロッパ諸国ではほかにイタリア北東部やハンガリー、ブルガリア、ルーマニアの一部の地域、スロヴァキア、スイスのヴァレー州の気候も栽培に適している。

ほかにも、ロシアやウクライナ、ニューワールドではアルゼンチン、チリ、タスマニア島、ニュージーランド、カナダのオンタリオ州、アメリカのカリフォルニア、ニューヨーク州、ワシントン州など広範囲で栽培されている。

特徴
発芽は遅いが成熟は比較的早い。日当たりのよい環境で育てるほうが望ましいが、霜に対する抵抗力が強く、寒冷地域でも栽培に成功している。ただし、やや涼しい土地でじっくりとゆるやかに成熟したもののほうが、味わいの要素が多い優秀な白ワインとなる。

天然の酸と濃密なエキス分の調和がとれており、香りは、花の香りやハチミツなどにたとえられることが多い。

また、とても長命で100年以上の熟成が可能なので、寿命の長い熟成した銘酒が存在する。

こんな銘柄がおすすめ

エゴン・ミューラー・
リースリング
Q.b.A.
p148

リースリング・
キュヴェ・
トラディション
p145

ルーウィン・エステート
アートシリーズ・
リースリング
p150

ロバート
ヴァイル
リースリング
p149

Sauvignon Blanc

ソーヴィニョン・ブラン

フランスではボルドーとロワールで栽培。
ほかにはない個性あふれる香りが何よりの魅力で
すっきりとした飲み口の白ワインを造り出す。

ボルドーの白を支え、旅立ち始めた品種

ソーヴィニョン・ブラン種の白ワインは、ひと口飲めばすぐにわかるほど個性的である。だが、決して飲みにくいわけではなく、シャープさとやわらかさが混在した、すっきりとした味わいから、各地で愛飲されている。栽培環境によって特徴が変化し、日照に恵まれた土地のソーヴィニョン・ブラン種はイチヂクやトロピカルフルーツの香りが漂う。比べて、冷涼な土地ではレモンやハーブの風味が心地よいワインとなる。

この品種に最も適した栽培地は、フランスのボルドー地方と、ロワール地方の中央フランス地区に位置するプイィとサンセールである。石灰質が豊富な白っぽい土地でソーヴィニョン・ブラン種を育てると、フルーティさに火打ち石のようなスモーキーな香りが加わり、いっそう印象的な白ワインになる。

ボルドー地方の赤の雄がカベルネ・ソーヴィニョン種なら、白の代表はソーヴィニョン・ブラン

ソーヴィニョン・ブラン

36

ソーヴィニヨン・ブラン Data

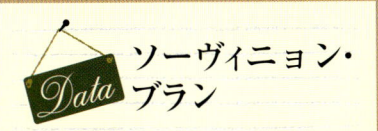

歴史
原産地はフランス・ボルドー地域だとされていたがこの見解は異論も多く、はっきりとしたことは不明のままである。

栽培地域
フランスのボルドー地方、ロワール河流域にあるサンセールとプイィが栽培の中心地域。ボルドー地方では、まろやかなセミヨン種とブレンドされることが多く、ソーテルヌ地区の貴腐ワインを支えている。

また、フランスのほか、イタリアのフリウーリ・ヴェネツィア・ジューリア州やオーストリアでも栽培され、チリや南アフリカ、オーストラリアでも重要な白ブドウ品種として重宝されている。オーストラリアではシャルドネ種とブレンドされることもある。

アメリカ合衆国では、カリフォルニアとワシントン州で評価が高い。近年では、ソーヴィニヨン・ブラン種の栽培に最も成功しているのがニュージーランドで、口いっぱいに風味が広がる楽しいワインを生み出している。

特徴
発芽は遅いが、開花は早い。粒は卵形で小さく、房全体も小ぶり。完熟すると全体が黄金色になる。

辛口の白ワインになることが多いが、甘口の白ワインにブレンドされるとまた違った実力を発揮する。

トロピカルフルーツやハーブに似たシャープで個性的な香りと酸味を持つ。この独特の香りは、メトキシピラジンという青草のような芳香成分からくるものだ。フランスのロワール地域、フランス中央区においてオーク樽を使わずに仕込まれた品は、この風味が豊かだ。

種といっても過言ではない。また、プイィでは「ブラン・フュメ」という別名がある。「フュメ」には、フランス語で「燻製した、燻した」という意味があり、特有の香りに由来している。ちなみに、カリフォルニアにも「フュメ・ブラン」という白ワインがあるが、これは、ソーヴィニヨン・ブラン種から造られた白ワインをオーク樽で熟成させたものだ。

こんな銘柄がおすすめ

シャトー・ド・トラシィ・プイィ・フュメ　p153

サンセール ブラン レ ロマン　p152

クラウディー ベイ ソーヴィニヨン ブラン　p159

ソノマ・カウンティ フュメ・ブラン　p156

その他のワイン用ブドウ

これまで紹介したブドウは氷山の一角で、まだまだたくさん品種はある。ここでは、メジャーではないが人気が高い品種についてふれよう。

ほかの地域では少量もしくはまったく栽培されていないのに、一部の地域において群を抜いて栽培量の多いワイン品種がある。そんな、特定の地域に根ざした品種をここでいくつか紹介しよう。

スペインで広く知られているテンプラニーリョ種は、色みの深い赤ワインを造ることができる非常に優れた品種だ。また、南部で栽培され、シェリーの原料となるパロミノ種も忘れてはいけない。

イタリアのピエモンテ地方を代表するネッビオーロ種は、色深く、タンニン、酸味が豊かだが、気難しいピノ・ノワール種に似て限られた方位や高度でしか育たず、ほかの土地での栽培が難しい。しかし、長期熟成に向き、樽でじっくり寝かせると新たな魅力が生まれる。同じイタリアのトスカーナ地方で栽培されているサンジョベーゼ種も、同様に育てるのが難しいが、たぐいまれな魅力を持っている品種だ。

また、ボージョレ・ヌーボーの原料であるガメイ種はほかの土地では退屈なワインしか生み出さず、ブルゴーニュ地区を離れることができない品種となっている。

日本を代表するのは、なんといっても山梨県特産の甲州種だ。甲州種で造られる白ワインは、軽やかでみずみずしく適度な甘みとほろ苦さを兼ね備え、和食や日本人の嗜好にとてもよく合う。

こういった品種は、知名度が低いことや、気候や土壌など正常に育つために必要な環境条件が限られていることから世界的に普及しないものが多い。そのため、地元の人々にとって思い入れも強く、なくてはならない品種である。

ネッビオーロ種
Nebbiolo
イタリア・ピエモンテ地方の特産で、イタリアが誇る銘酒・バローロとバルバレスコに欠かせない品種。熟成するとより香りや味わいに深みが増す。また、絞りかすからはグラッパが造られる

パロミノ種
Palomino
スペイン南部のアンダルシア地方で多く栽培されている。シェリーを支えるブドウ品種のひとつで、暑い気候のもとでも酸味が失われないという特徴がある。ティオ・ペペのシェリーが典型的

甲州種
Kosyu
日本を代表するワイン用ブドウ品種で、山梨県甲州市勝沼町が生まれ故郷だといわれている。甲州種で造られる白ワインには日本酒を思わせる甘さと爽やかさがあり、日本人の味覚によく合う

ガメイ種
Gamay
日本でもポピュラーなボージョレ・ヌーボーの原料となるのがガメイ種。フランスのボージョレ地方で栽培されたガメイ種からは、フルーティな香りとなめらかな口当たりの赤ワインができあがる

テンプラニーリョ種
Tempranillo
スペインのリオハで広く栽培されている品種で、色が深く、香りのよい高級赤ワインが造られる。また、耐寒性があり、早熟の品種としても知られている

ワインのボトル

【地域で異なるボトルのタイプ】

地域色豊かなユニークなボトル

ワインボトルが今のように縦に細長くなったのは、1790年代のこと。はじめは底が広くて首が短い、ずんぐりした形が主流だったが、輸送や貯蔵の都合で、隙間なく荷台に積めて破損しにくい、現在のような形に変化していった。

その一方で、丸みを帯びていたり首が長かったりと特殊なボトルで出荷する地域がある。これらは、ボトルを見ればすぐに産地が特定できるようにと始められたもので、目印のような役割を果たしている。しかし、キアンティのわらづとのように職人の減少によって、現在ではほとんど作られていないものもある。

●ドイツ／フランケン 
ボックスボイテル

●イタリア／トスカーナ州、キアンティ 
フィアスコ

●イタリア／マルケ州、ヴェルディッキオ
ペッシェ（魚）

●フランス／アルザス 
ラ・フリュート

●フランス／ジュラ、ヴァン・ジョーヌ 
ル・クラヴラン

第3章

地域別ワイン事情

メドック地区を悠々と流れるジロンド川。シャトーとブドウ園が見える

ボルドー 〈Bordeaux〉

数々の高級ワインを生み出す

今も昔も高く評価される伝統のワイン生産地域

「ワイン道はボルドーに始まりボルドーに終わる」という言葉があるほど、ボルドーワインは重要で特別なワインであり、いつの時代も富裕層や権力者たちに愛されてきた。その理由は、伝統的なブランド力と高級感、一本あたりの飲んだ満足感が非常に高いことにある。なめらかな渋みを持ち、グラスの中で香りの滞在時間と余韻が長いのだ。また、長期の熟成にも耐えうるので、記念年のワインをう寝かせたり、投機対象にしたりする楽しみ方もある。

ボルドーワインの赤と白の割合は約8対2と赤ワインが主体だ。代表品種のカベルネ・ソーヴィニヨン種をはじめ、数種の品種をブレンドして醸造する。また、AOC法のほか、シャトーごとの格付けもされており、歴史のある質の高いワインを数多く産出。フランス国内のAOCワインのうち、26％がボルドー産のものといのもうなずける。

DATA ●北緯44.50°／標高60m（観測所：メリニャック）●ブドウの栽培面積…12.4万ヘクタール(2004年)●主要品種…メルロー種、カベルネ・ソーヴィニヨン種、セミヨン種、ソーヴィニヨン・ブラン種、メルロー種など

ボルドーのAOC

●メドック

- メドック Médoc
- オー・メドック Haut- Médoc
- サン・テステフ St-Estèphe
- ポイヤック Pauillac
- サン・ジュリアン St-Julien
- マルゴー Margaux
- ムーリ・アン・メドック Moulis en Médoc
- リストラック・メドック Listrac- Médoc

●グラーヴ

- グラーヴ Graves
- グラーヴ・シュペリール Graves Supérieures
- ペサック・レオニャン Pessac-Léognan

●ソーテルヌ

- ソーテルヌ Sauternes
- バルサック Barsac

●セロン Cérons

●サント・クロワ・デュ・モン Ste-Croix-du-Mont

●ルーピアック Loupiac

●カディヤック Cadillac

●コート・ド・ボルドー・サン・マケール Côtes de Bordeaux St-Macaire

●プルミエール・コート・ド・ボルドー

- プルミエール・コート・ド・ボルドー Premières Côtes de Bordeaux
- プルミエール・コート・ド・ボルドー＋村名 Premières Côtes de Bordeaux+ 村名

●アントル・ドゥー・メール

- アントル・ドゥー・メール Entre-Deux-Mers
- アントル・ドゥー・メール・オー・ブノージュ Entre-Deux-Mers Haut Benauge
- ボルドー・オー・ブノージュ Bordeaux Haut-Benauge

●グラーヴ・ド・ヴェイル Graves de Vayres

●サント・フォア・ボルドー St-Foy-Bordeaux

●ポムロール

- ポムロール Pomerol
- ラランド・ド・ポムロール Lalande-de-Pomerol

●サンテミリオン

- サンテミリオン・グラン・クリュ St-Émilion Grand Cru
- サンテミリオン St-Émilion
- リュサック・サンテミリオン Lussac St-Émilion
- モンターニュ・サンテミリオン Montagne St-Émilion
- サンジョルジュ・サンテミリオン St Georges St-Émilion
- ピュイスガン・サンテミリオン Puisseguin St-Émilion

●フロンサック

- カノン・フロンサック Canon Fronsac
- フロンサック Fronsac

●ボルドー・コート・ド・カスティヨン Bordeaux Côtes de Castillon

●ボルドー・コート・ド・フラン

- ボルドー・コート・ド・フラン Bordeaux Côtes de Francs

●ブール（ブールジェ）

- ブール（ブールジェ） Bourg(Bourgeais)
- コート・ド・ブール Côte de Bourg

●ブライ

- ブライ Blaye
- コート・ド・ブライ Côtes de Blaye
- プルミエール・コート・ド・ブライ Premières Côtes de Blaye

●その他

- ボルドー Bordeaux
- ボルドー・クレーレ Bordeaux Clairet
- ボルドー・ロゼ Bordeaux Rosé
- ボルドー・シュペリュール Bordeaux Supérieur
- ボルドー・ムスー Bordeaux Mousseux
- クレマン・ド・ボルドー Crémant de Bordeaux

ボルドーをよみとく 10のキーワード

ボルドーワインの発展の理由は、気候はもちろん歴史的なできごとも大きく関係している。

Key word 1　2つの河
壊滅を予防するためさまざまな品種を栽培

ボルドーは、北方から流れる低水温のドルドーニュ河と南方が源流の温かいガロンヌ河が合流するジロンド河流域にある。河の温度差やビスケー湾の突発的な冷海流により春秋に天候不順が起きやすく、全滅を防ぐため多品種を栽培する。

ドルドーニュ河右岸に位置するサンテミリオン（上）南方より流れ込むガロンヌ河（右）

Key word 2　プティ・ヴェルドー
個性的な香りでほかの品種の難点をカバー

黒胡椒のようなスパイシーな香りを持つ赤ワイン品種。単一で醸造されることはほとんどないが、カベルネ・ソーヴィニョン種の味わいに魅力が欠ける年にブレンドして、風味をプラスする脇役だ。

このようにボルドーワインのブドウ不作のリスクを軽減する品種として広く栽培されていたが、収穫期が遅く安定した生産が難しいため一時は栽培量が激減していた。

しかし、近年カリフォルニアで生産者たちの注目を集めていることから、ボルドーでも復活の兆しがある。

44

メドックには第一級シャトーが5つある。格付けは当時のワイン価格と評判を元に行われた

メドックの第一級シャトー

ラフィット・ロートシルト（ポイヤック）
Ch.Lafite-Rothschild
ラトゥール（ポイヤック）
Ch.Latour
ムートン・ロートシルト（ポイヤック）
Ch.Mouton-Rothschild
マルゴー（マルゴー）
Ch.Margaux
オー・ブリオン（ペサック・レオニャン※）
Ch.Haut-Brion
※グラーヴ地区にあるが、例外的に赤ワインのみメドックの第1級に格付けされた

Key word 3 パリ万博
万博に備えてワインを格付け

1855年のパリ万博開催にあたり、ナポレオン3世が各地方にワインの出品を要請。その際、ボルドーの商工会に依頼されたクルチェ（仲買人）の組合により第一級から第五級に格付けがされた。赤ワインはメドック地区から58品、グラーヴ地区から1品を選出。そのランクは、1973年にシャトー・ムートン・ロートシルトが格上げされた以外、現在も変わらない。

Key word 4 クラレット
イギリスで愛飲されたボルドーワイン

1152年に、ボルドーはイギリス領となる。ボルドーワインは淡い赤ワイン「クラレット」と英国で称され、18世紀までフランス国内を超える人気があった。イギリスでは今でもこの名で親しまれている。

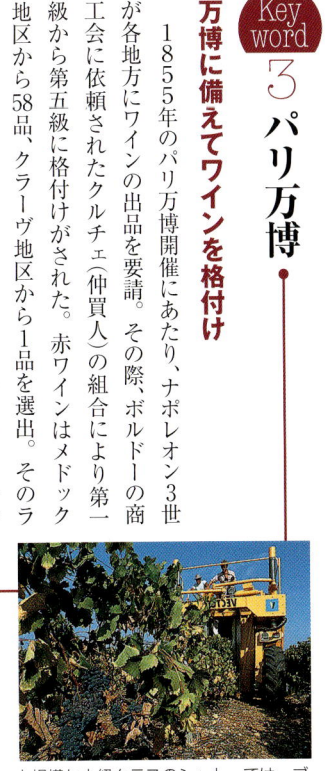

大規模な中級クラスのシャトーでは、ブドウの収穫が機械で行われる

Key word 5 砂利
河から運ばれた小石がブドウ栽培を可能に

平坦な土地であるボルドーでは水はけのよし悪しがワインの味に大きく影響する。深い砂利層に覆われたジロンド河流域は水はけがよくブドウ作りに適している。そのため、クラーヴ地区やメドック地区には優れた醸造所が集中している。

Key word 7 フィロキセラ
アメリカから上陸した恐怖の害虫被害

1850年代、研究用に輸入されたアメリカ産の苗木に、大害虫であるフィロキセラ（ブドウネアブラムシ）が付着していた。

瞬く間に広まり、ヨーロッパの生産地全体に壊滅的な被害を及ぼした。当時栽培されていたブドウはフィロキセラに免疫がなかったが耐性のあるアメリカ産台木に接木して解決した。

Key word 6 ガレージワイン
規定に左右されない小規模シャトーに注目

サンテミリオン地区の格付けは厳しく、頻繁に見直しが行われる。しかし、格付けにこだわらず自由に醸造するシャトーも数多い。ほとんどがガレージで造れるほど小規模生産なため、ガレージワインと呼ばれる。

左の大樽が大手ワイナリー生産量。それに比べてガレージワインは少量で高値の品が多い

Saint-Émilionの「サン」はキリスト教の聖人にちなむ

Key word 8 世界遺産
歴史を伝える風景は世界遺産にも選定

サンテミリオン地区は、2000年以上の歴史を持つワイン生産地。石灰岩の土壌に畝を作ったブドウ畑の跡が現在でもあちらこちらに残っている。その価値が認められ、1999年にブドウ畑跡を含むサンテミリオン地区全体が世界遺産に登録された。また、サンテミリオン村のほか東と南を囲む地域までは衛星地区とされていて、サンテミリオンACを名乗ることができる。

衛星地区は、リュサック、モンターニュ、サン・ジョルジュ、ピュイスガンの4つの村だ

Key word 9 貴腐ワイン

とろけるような甘さの極上ワイン

貴腐ワインは、貴腐菌というカビのはたらきで表皮が腐敗したように見えるブドウ果から造られる。水分が蒸発するため、糖や酸、香味が凝縮されたブドウとなり、とろりと甘みのある濃厚な白ワインになる。

濃密な貴腐ワインを造るために9～11月の長い時間をかけて、ひと粒ずつの収穫を行うほどだ。第一級に格付けされる高名なシャトーのディケムは、1ヘクタールにつき900 mℓしか生産することができない、大変貴重なワインである。

霧が発生しやすいソーテルヌ地区は貴腐ワインの宝庫である。晩秋に高湿度な環境となる

Key word 10 セカンドラベル

主力商品の価値をより高める存在

新たに植え替えたブドウの木は、実がなる木に育つまで3年、植え替え前と同じレベルの実がとれるまでには10年かかる。同じ畑のなかでも、畝によってブドウので き具合が異なる。かつては全部を混ぜていたが若木からのブドウを使ったものや水準に満たないワインはセカンドラベルとして主力商品より手ごろな価格で提供することにより、結果的にシャトーの価値が高まる。

第一級シャトーのセカンドラベル

ラフィット・ロートシルト→カリュアド・ド・ラフィット・ロートシルト
Carruades de Lafite-Rothschild
ラトゥール→レ・フォール・ド・ラ・トゥール
Les Forts de Latour
ムートン・ロートシルト→ル・プティ・ムートン・ド・ムートン・ロートシルト
Le Petit Mouton de Mouton-Rothschild
マルゴー→パヴィヨン・ルージュ・デュ・シャトー・マルゴー（写真）
Pavillon Rouge du Château Margaux
オー・ブリオン→ル・バアン・デュ・オー・ブリオン
Le Bahans du Ch.Haut-Brion

価格は主力商品の2分の1から3分の1、高名なシャトーのものなら3分の1から4分の1

世界屈指の高級ワイン、ロマネ・コンティの生まれ故郷でもある

ブルゴーニュ〈Bourgogne〉

畑ごとに細かくランク付けを行う

ボルドーと肩を並べるフランスワインのメッカ

フランス中部に位置するブルゴーニュ地方は、ボルドーと並ぶワイン銘醸地。ディジョンからリヨンにかけての細長い地域で日照時間が長く、ブドウ栽培に向く風土である。

ブルゴーニュワインは単一種から造られる。開花期と収穫期の気候急変が少ないので多種類の品種を栽培する必要がないためだ。AOCワインの宝庫であるコート・ドール、

白ワインの産地・シャブリ地区などに分けられる。

ブルゴーニュでは、傑出したワインを造る条件に恵まれた格別の畑を「特級畑(グラン・クリュ)」、良質な畑を「第一級畑(プルミエ・クリュ)」と格付けする。少数の特級畑は、ラベルに畑の名前を乗ることができ、最も重要、高貴なワインとされる。第一級畑の場合は、"Premier Cru"と併記したうえで畑の名前を付けることができる。

DATA ●北緯47.15°／標高220m（観測所：ディジョン）●ブドウの栽培面積…2.9万ヘクタール（2004年）●主要品種…ピノ・ノワール種、シャルドネ種、ガメイ種、アリゴテ種、ピノ・ブラン種など

ブルゴーニュのAOC

●シャブリ地区とヨンヌ県
シャブリ・グラン・クリュ Chablis Grand Cru
シャブリ・プルミエ・クリュ Chablis Premier Cru
シャブリ Chablis
プティ・シャブリ Petit Chablis
イランシー Irancy
サン・ブリ Saint-Bris

●コート・ド・ニュイ地区
マルサネ Marsannay
フィサン Fixin
ジュヴレ・シャンベルタン Gevrey-Chambertin
モレ・サン・ドニ Morey-St-Denis
シャンボール・ミュジニー Chambolle-Musigny
ヴージョ Vougeot
ヴォーヌ・ロマネ Vosne-Romanée
ニュイ・サン・ジョルジュ Nuits-St-Georges

●コート・ド・ボーヌ地区
ラドワ Ladoix
アロース・コルトン Aloxe-Corton
ペルナン・ヴェルジュレス Pernand-Vergelesses
サヴィニィ・レ・ボーヌ Savigny-les-Beaune(Savigny)
ショレイ・レ・ボーヌ Chorey-lès-Beaune
ボーヌ Beaune
ポマール Pommard
ヴォルネイ Volnay
ムルソー Meursault
ピュリニー・モンラッシェ Puligny-Montrachet
シャサーニュ・モンラッシェ Chassagne-Montrachet
モンテリー Monthélie
オークセイ・デュレス Auxey-Duresses
サン・ロマン St-Romain
ブラニイ Blagny
サン・トーバン St-Aubin
サントネイ Santenay
マランジェ Maranges

●コート・シャロネーズ
ブーズロン Bouzeron
リュリー Rully
メルキュレー Mercurey
ジヴリー Givry
モンタニィ Montagny

●マコネー地区
プイィ・フュイッセ Pouilly-Fuissé
プイィ・ヴァンゼル Pouilly-Vinzelles
プイィ・ロシェ Pouilly-Loché
サン・ヴェラン St-Véran
ヴィレ・クレッセ Viré-Clessé
マコン・ヴィラージュ Mâcon-Villages
マコン・シュペリュール Mâcon Supérieur
マコン Mâcon
マコン＋村名 Mâcon+ 村名
ピノ・シャルドネ・マコン Pinot-Chardonnay- Mâcon

●ボージョレ地区
サンタ・ムール St-Amour
ジュリエナス Julienas
シェナス Chénas
ムーラン・ア・ヴァン Moulin-à-Vent
フルーリー Fleurie
シルーブル Chiroubles
モルゴン Morgon
レニエ Régnié
ブルイィ Brouilly
コート・ド・ブルイィ Côte de Brouilly
ボージョレ Beaujolais
ボージョレ＋村名 Beaujolais+ 村名
ボージョレ・シュペリュール Beaujolais-Supérieur
ボージョレ・ヴィラージュ Beaujolais Villages

●その他
マルサネ・ロゼ Marsannay Rosé
ヴォルネイ・サントノ Volnay-Santenots
コート・ド・ニュイ・ヴィラージュ Côte de Nuits-Villages
コート・ド・ボーヌ Côte de Beaune
コート・ド・ボーヌ＋村名 Côte de Beaune+ 村名
コート・ド・ボーヌ・ヴィラージュ Côte de Beaune-Villages
コトー・デュ・リヨネ Coteaux du Lyonnais
ブルゴーニュ・オート・コート・ド・ニュイ
Bourgogne Hautes Côtes-de-Nuits
ブルゴーニュ・オート・コート・ド・ボーヌ
Bourgogne Hautes Côtes-de-Beaune
ブルゴーニュ・クレレ・オート・コート・ド・ニュイ
Bourgogne Clairet Hautes Côtes-de-Nuits
ブルゴーニュ・クレレ・オート・コート・ド・ボーヌ
Bourgogne Clairet Hautes Côtes-de-Beaune
ブルゴーニュ・ロゼ・オート・コート・ド・ニュイ
Bourgogne Rosé Hautes Côtes-de-Nuits
ブルゴーニュ・ロゼ・オート・コート・ド・ボーヌ
Bourgogne Rosé Hautes Côtes-de-Beaune
ブルゴーニュ・コート・ドセール Bourgogne Côtes d'Auxerre
ブルゴーニュ Bourgogne
ブルゴーニュ・ロゼ Bourgogne Rosé
ブルゴーニュ・クレレ Bourgogne Clairet
ブルゴーニュ・ムスー Bourgogne Mousseux
クレマン・ド・ブルゴーニュ Crémant de Bourgogne
ブルゴーニュ・アリゴテ Bourgogne Aligoté
ブルゴーニュ・グラン・オルディネール
Bourgogne Grand Ordinaire
またはブルゴーニュ・オルディネール Bourgogne Ordinaire
ブルゴーニュ・グラン・オルディネール・クレール
Bourgogne Grand Ordinaire Clairet
またはブルゴーニュ・グラン・オルディネール・ロゼ
Bourgogne Grand Ordinaire Rosé
ブルゴーニュ・オルディネール・クレール
Bourgogne Ordinaire Clairet
またはブルゴーニュ・オルディネール・ロゼ
Bourgogne Ordinaire Rosé
ブルゴーニュ・パス・トゥ・グラン Bourgogne Passe-tout-grains
コート・ロアネーズ Côte Roannaise
コート・ド・フォレ Côte de Forez

ブルゴーニュを よみとく 9つのキーワード

小規模なワイナリーが多いブルゴーニュ地方。発展の影には、ネゴシアンの存在があった。

Key word 1 ネゴシアン

小規模な生産者に代わりワインをプロデュース

ブルゴーニュは、ひとつの区画が複数の生産者によって所有されている小規模な醸造所が少なくない。そのため、新酒を樽ごと買い取り、ほかのワインとブレンドするネゴシアンと呼ばれる酒商が流通を請け負っている。

ネゴシアン
- ブレンド・生産
- 貯蔵・販売
- 保証・集金
- 営業・PR

PR活動や集金も代行。ブルゴーニュ産ワインの新酒のうち65%はネゴシアンを経て流通されている

小規模な生産者が多いのは、ナポレオンにより教会や修道院の領地が分割されたため。多方面からネゴシアンに手助けされている

Key word 2 コート・ドール

ブルゴーニュの支柱 黄金の丘陵地域

「黄金の丘陵」を意味するコート・ドールは、ブルゴーニュにおけるワイン生産の中心地である。谷間に沿って石灰性泥灰土の地層が細長い帯状に伸びる、財を生む至高の地域だ。

この土壌はブドウ栽培には重いが、時々行われる土壌を上部に移動する作業や雨などで、上層にある石灰岩の小石が下層に混ざり、最適な土壌となる。

毎年11月に開催される「栄光の3日間」の際、院ではワイン商が集まる競売会が開かれる

Key word 3 修道院とオスピス・ド・ボーヌ

修道院主導で発展したブルゴーニュワイン

中世は勤勉で研究熱心な修道院僧たちの手によりブドウ栽培とワインの醸造が改善された。オスピス・ド・ボーヌは、1443年に大法官ニコラ・ロランとその妻によって建設された施療院。ロラン夫妻やワイン生産者たちは周辺のブドウをこの施療院に寄進した。現在の特級畑であるモンラッシェやコルトンもあった。

ひとつの丘陵は垣根で細かく分けられている。南向きの垣根近くのブドウほど日だまりの中で育つため、できがよくなる

Key word 4 クロ

畑を区切る垣根ができばえを左右

ブルゴーニュの畑の名前には「クロ(Clos)」と付くものが多い。クロとは、畑を区切る垣根で、粘板岩(粘土が層状に固結して生じた岩石)を腰の高さくらいまで積み重ねて作ったものだ。

南向きの垣根の近くは、日光が反射するので同じ畑でもブドウのできが異なる。歩いて30秒程の2つの畑でもクラスが変わることもあり、これがブルゴーニュの格付けをよりいっそう複雑にしている。

毎年11月の第3木曜に解禁となる

Key word 5 ボジョレ・ヌーボー

日本でもおなじみの赤ワインの産地

ガメイ種から造られるボジョレ・ヌーボーは日本でもよく知られた赤ワインだ。ほかの地では平凡なガメイ種だが、ボジョレ地区で栽培されると、新鮮でフルーティなワインを生み出す。これは、花崗岩を砂混じりの粘土が覆うボジョレ地区の土壌と、ガメイ種の相性がよかったためだろう。ブドウを破砕せず、房のまま密閉タンク内で予備発酵させる炭酸ガス浸漬法で速く造られるのも特徴だ。

ボジョレ・ヌーボーを生み出すガメイ種はこの地で本領を発揮する

フランスのヌーボー一覧

地区	AOC
ブルゴーニュ	Bourgogne Bourgogne Grand Ordinaire Bourgogne Aligoté Coteaux du Lyonnais
マコネー	Mâcon Mâcon-Supérieur Mâcon+村名 Mâcon-Villages
ボジョレ	Beaujolais Beaujolais+村名 Beaujolais-Supérieur Beaujolais-Villages
コート・デュ・ローヌ	Côte du Rhône Côteaux du Tricastin Côtes du Ventoux Tavel
ヴァル・ド・ロワール	Anjou Cabernet Anjou Rosé d Anjou Cabernet de Saumur Touraine Muscadet
ラングドック&ルーション	Coteaux du Languedoc Côtes du Roussillon
南西地方	Gaillac

Key word 6 キンメリジャン地層

複雑な地形が生み出すブドウ栽培の適地

シャブリ地区は固い石灰岩層と泥灰土の層が露出したパリ盆地の東南部にある。とくに、グラン・クリュは急勾配の斜面が南東に向く。北西に向かって流れるヨンヌ河が作り出した複雑な地形とジュラ紀の地層が織り成す土地だ。

栽培に適した斜面が多い白ワインの産地

Key word 7 自然派ワイン

自然との共存を意識した新しい考えの農法

化学肥料を一切使用しないでなるべく自然のものを利用する栽培方法が注目されている。

ブルゴーニュ地方では、土中の微生物数の減少をきっかけに一部の生産者たちの間で関心が高まっている。減農薬農法であるリュット・レゾネ、有機農法であるビオロジック、牛糞や水晶など自然の物質を調合して天体の動きに合わせた栽培を行うビオデナミなどがある。

自然派ワインへの流れは、もともとは、ロワール地方やアルザス地方などで始まった

Key word 8 エスカルゴ

害虫のカタツムリはワインに合う？

ブルゴーニュ地方では、春から初夏にかけてブドウの葉を食べるカタツムリが発生する。そのカタツムリをバターで煮ると、食べた葉と同じブドウから造られたワインによく合う味になるという。最もよいものはプティ・グリと呼ばれ、珍重されている。

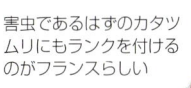

害虫であるはずのカタツムリにもランクを付けるのがフランスらしい

Key word 9 キール

町の名産を組み合わせた市長考案のカクテル

ブルゴーニュ地方北部のディジョンでは、アリゴテ種というブドウ品種が多く栽培されていた。このブドウから造られるワインは酸っぱく、評判は芳しくなかったが、同じくディジョンの名産であるリキュールのクレーム・ド・カシスと混ぜたところ、大変おいしいカクテルができあがった。考案者である市長の名から「キール」と名づけられたこのカクテルは町おこしに多いに役立ち、現在でも食前酒のスタンダードとして人気がある。

ボルドー vs ブルゴーニュ

Bordeaux vs Bourgogne

双璧をなすボルドーとブルゴーニュ。味わいはもちろん、貯蔵方法やグラス、ボトルの形までまったく異なるふたつのワインを比べてみよう。

グラスの違いによる香りの比較

それぞれに合わせたグラスをチョイス

ブルゴーニュのワインは何といっても芳醇な香りが命である。その香りを逃さぬよう、ブルゴーニュワインには、大ぶりで口のすぼまったタイプのワイングラスを使う。このグラスの形は、飲むときに口が「う」の形になるため、舌先に一筋のワインが流れて甘み、酸味のバランスが楽しみやすいという利点もある。

それに比べてボルドーのワインに使うグラスは口が広い。ボルドーワインには、空気にたくさん触れ合わせると、味が変化するという特性がある。そのため、ワインと空気の触れる表面積が広くなるよう、口が大きく開いて全体に丸みをおびた風船型のグラスが用いられるのだ。

ボルドーワインのグラス。広い口が特徴だ

ボルドー型 — 空気が入る

ブルゴーニュ型 — 香りがこもる

ボトルの違いによる味わいの比較

輸送、貯蔵方法、特徴の違いからボトルも変化

ボルドーとブルゴーニュの違いは、ワインボトルの違いからも深い。ボルドーのワインは、ワインの色素やタンニンの重合物、酒石酸の結晶などの澱と関係が深い。

ボルドーのボトルは細長く怒り肩、ブルゴーニュはなで肩で底面積が広い

地形の違いによる貯蔵庫の比較

水没を回避するため貯蔵方法を工夫

川に近く、低地で水位の高いボルドーは水没のリスクが高く、地下に貯蔵庫を造ることができなかった。代わりに、ボルドーでは半地下の貯蔵庫「シェイ」が造られた。

一方、海抜の高いブルゴーニュでは地下室の貯蔵庫「カーヴ」が設けられた。年間で7～18℃に気温が変動するシェイと比べて、ワインを低温に保てた

が、保存食も一緒に保管されていたのでワインの収納スペースが少なかった。そこで、たくさん収納できるよう、瓶を互い違いに積み上げるようになり、ボトルの形も変化した。

ブルゴーニュのワインは澱がサラサラしていて、飲んでも気にならないが、ボルドーの長期熟成型のワインは、澱の量が多く、舌の上でざらつく。さらに、ワインと澱の電位が異質なためにビリッとした嫌な刺激が生まれてしまう。そこで、ボトルの肩に角度をつけて怒り肩のような形にし、注ぐときに澱が食い止められるよう工夫したのである。

地下の貯蔵庫はロウソクの火を頼りにテイスティングが行われる

ブルゴーニュ貯蔵庫が生んだタストヴァン

銀製のテイスティングカップ・タストヴァンは、ブルゴーニュで医者の瀉血器具から転用された。日光の入るボルドーの貯蔵庫ではグラスを用いたが、暗いブルゴーニュの貯蔵庫では、ロウソクの炎を反射させて、色が確かめられる銀製のカップが使われた。

うっすらと光が入るシェイ

日光の届かない貯蔵庫で重宝

コート・デュ・ローヌ
〈Côtes du Rhône〉

ローヌ河の流域に、ワイン産地が点在

南北に長い流域が多彩な味を生む

ローヌ河流域、約200kmに渡る地域。南北に長いすり鉢状の地形で、気候や土壌の違いから北部と南部とで性質の違うワインが造られている。さらに、赤の品種と白の品種をブレンドするため、ほかの地域とは比較にならないほど味わいが多彩だ。

北部はエルミタージュやコート・ロティーなどがおもな産地。南部は北部の30倍近くの面積があり、さまざまな品種が栽培されている。

コート・デュ・ローヌのAOC

●北部地区
- コート・ロティー Côte Rôtie
- コンドリュー Condrieu
- シャトー・グリエ Château-Grillet
- エルミタージュ Hermitage
- クローズ・エルミタージュ Crozes-Hermitage
- サン・ジョセフ St-Joseph
- コルナス Cornas
- サン・ペレー St-Péray
- サン・ペレー・ムスー St-Péray Mousseux
- クレーレット・ド・ディ Clairette de Die
- クレーレット・ド・ディ・ムスー Clairette de Die Mousseux
- シャティオン・アン・ディオア Châtillon-en-Diois
- コト・ド・ディ Coteaux de Die
- クレマン・ド・ディ Crémant de Die

●南部地区
- タヴェル Tavel
- リラック Lirac
- シャトーヌフ・デュ・パープ Châteauneuf-du-Pape
- ジゴンダス Gigondas
- ラストー Rasteau
- ラストー・ランシオ Rasteau Rancio
- ミュスカ・ド・ボーム・ド・ヴニーズ Muscat de Beaumes-de-Venise
- コトー・デュ・トリカスタン Coteaux du Tricastin
- コート・デュ・ヴァントー Côtes du Ventoux
- コート・デュ・リュベロン Côtes du Lubéron
- ヴァケイラス Vacqueyras
- コート・デュ・ヴィヴァレ Côtes du Vivarais

●全域
- コート・デュ・ローヌ Côtes du Rhône
- コート・デュ・ローヌ＋村名 Côtes du Rhône + 村名
- コート・デュ・ローヌ・ヴィラージュ Côtes du Rhône Villages

DATA（北部）●北緯44.55°／標高160m（観測所：ヴァランス）（南部）●北緯44°●標高50m（観測所：アヴィニヨン）●ブドウの総栽培面積…14.8万ヘクタール（2004年）

コート・デュ・ローヌをよみとく3つのキーワード

南北に細く長く伸びるコート・デュ・ローヌ地方。南部と北部の違いに注目しよう。

Key word 1 太陽と風のワイン
多彩なブドウ品種を巧みに組み合わせる

赤ワイン品種と白ワイン品種のいいとこどりしたのがこの地方のワイン

コート・デュ・ローヌの南部地区を代表する銘醸地、シャトーヌフ・デュ・パープ。かつてローマ教皇の夏の宮殿があった場所でもある。ここでは、グルナッシュ種やシラー種を中心に、13種類前後のブドウが栽培されている。白ワイン用も少量生産されているが、ブドウのブレンドが認められている。そのため、赤ワインの味わいに白ワインを思わせるみずみずしさが感じられるほかにはない逸品ができあがる。

Key word 2 コート・ロティー
焼けるほどに暑いローヌ河上流地域

ローヌ河最上流にあたるコート・ロティーは、川面から吹くアフリカからの熱風が谷間の袋小路にこもり、夏に気温が上がる。

ロティーとは、「トースト」を意味し、夏の焼けつくような暑さから名付けられた

Key word 3 階段畑
階段状の土地でブドウを栽培

生産量の少ない北部のワインは希少な存在となっている

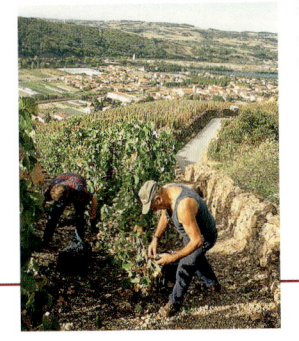

北部の生産量は、ローヌ全体の10分の1以下と極端に少ない。緑豊かな谷間に階段状にブドウを栽培する北部ではきつい労働が要求され、農業用の機械を導入することができず、畑の手入れから収穫まですべて手作業に頼っている。そのうえ耕地面積も広げようがないので、大量生産が難しいのだ。

ピエモンテ 〈Piemonte〉

銘酒、バローロとバルバレスコを生んだ

三拍子そろった秀逸なワイン

トリノを州都に持つイタリア北西部のピエモンテは、バローロとバルバレスコに代表される、重厚さのなかに繊細さを持った赤ワインが多く造られる。

この地域は南からの暖かい風とアルプスからの冷気が吹き込むため一日の寒暖差が大きく、ブドウ果の酸やタンニン、糖度ともに高くなる。ピエモンテのワインが酸、風味、アルコール度とどれをとっても完璧なのは、この気候による影響が大きい。

ピエモンテのおもなワイン

- バローロ Barolo ☆
- バルバレスコ Barbaresco ☆
- ガッティナーラ Gattinara ☆
- ゲンメ Ghemme ☆
- バルベーラ・ダスティ Barbera d'Asti
- バルベーラ・ダルバ Barbera d'Alba
- バルベーラ・デル・モンフェラート Barbera del Monferrato
- カレーマ Carema
- ドルチェット・ダスティ Dolcetto d'Asti
- ドルチェット・ダルバ Dolcetto d'Alba
- グリニョリーノ・ダスティ Grignolino d'Asti
- ブラケット・ダックイ Brachetto d'Acqui
- アスティ Asti ☆
- ガヴィ Gavi ☆
- ボーカ Boca
- ブラマテッラ Bramaterra
- コッリ・トルトネージ Colli Tortonesi
- コッリーネ・ノヴァレージ Colline Novaresi
- ドルチェット・デッレ・ランゲ・モンレガレージ Dolcetto Delle Langhe Monregalesi
- ドルチェット・ディ・ディアノ・ダルバ Dolcetto di Diano D'Alba
- ドルチェット・ディ・ドリアーニ Dolcetto di Dogliani
- ドルチェット・ディ・オヴァーダ Dolcetto di Ovada
- エルバルーチェ・ディ・カルーゾ Erbaluce di Caluso
- ファーラ Fara
- フレイザ・ダスティ Freisa d'Asti
- フレイザ・ディ・キエーリ Freisa di Chieri
- ガッビアーノ Gabbiano
- グリニョリーノ・デル・モンフェッラート・カザレーゼ Grignolino del Monferrato Casalese
- ランゲ Langhe
- レッソーナ Lessona
- ロアッツォロ Loazzolo
- マルヴァジーア・ディ・カゾルツォ・ダスティ Malvasia di Casorzo d'Asti
- マルヴァジーア・ディ・カステルヌオーヴォ・ドン・ボスコ Malvasia di Castelnuovo Don Bosco
- モンフェッラート Monferrato
- ピエモンテ Piemonte
- ルビーノ・ディ・カンタヴェンナ Rubino di Cantavenna
- ルケ・ディ・カスタニョーレ・モンフェッラート Ruche di Castagnole Monferrato
- シツアーノ Sizzano
- ネッビオーロ・ダルバ Nebbiolo d'Alba
- ロエロ Roero
- ドルチェット・ダックイ Dolcetto d'Acqui
- アルタ・ランガ Alta Langa
- システルナ・ダスティ Cisterna d'Asti

注：☆=DOCG（統制保証付原産地呼称）

DATA ●北緯45.13°／標高280m（観測所：トリノ）●ブドウ栽培面積…5.2万ヘクタール（2000年）●主要品種…バルベーラ種、ドルチェット種、ネッビオーロ種、スパンナ種、モスカート・ビアンコ種、ブラケット種など

ピエモンテをよみとく5つのキーワード

アルプス山脈のふもとに広がるピエモンテ地方。代表銘柄バローロのほか発泡性ワインも。

Key word 1 バローロ
ピエモンテ内で一番高級なワインを生む

ピエモンテ地方の南西部に位置するバローロは、この地方のなかで最も高級で世界的に著名なワインを生産する村である。

というのも、バローロ区域は石灰質の泥灰土壌で、世界でも希少なブドウ品種・ネッビオーロ種の栽培に最適な土地であるためだ。ネッビオーロ種は価値が高いので、造り手もこの品種を使うなら最高のワインを造ろうと努力する。そのため過去数百年にわたって、北イタリアの富裕で美食を愛好する人々に愛飲されてきたのだ。

このようにバローロは、ブドウと造り手、飲み手が育んできたワインであり、イタリアを代表する銘柄として広く知られている。

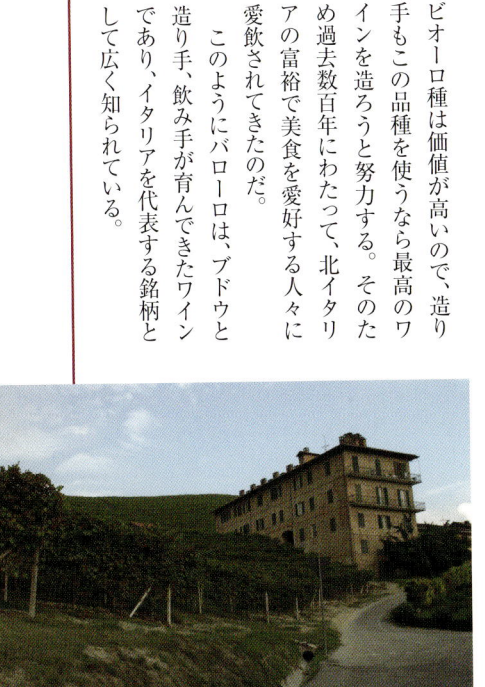

収穫期の10月に霧が発生しやすく、名前はイタリア語の「霧（ネッビア）」にちなむ

Key word 2 ネッビオーロ
収穫量は少ないけどなくてはならない品種

ピエモンテ地方原産のネッビオーロ種の栽培面積は少なく、州全体のブドウ生産量の3％にしか満たない。しかし、ピエモンテの2大ワイン、バローロとバルバレスコを生み出す大切な品種だ。この品種から造られた赤ワインは、非常に色が濃く長命、若いうちはタンニンと酸が多いが、年月を重ねると甘美な芳香となる。

バローロやバルバレスコは「ワインの王様、王様のワイン」と賞賛される

Key word 3 スプマンテ

デザートのように甘い発泡性ワイン

マスカットの味わいが特徴的なアスティは果汁を凍結保存し、ワインを造るときに解凍して酵母菌を加えて造られる。ほかの発泡性ワインと違うのは、瓶内で発泡させず、大タンク内で1回のみ発酵を行う点だ。アルコール度7度で発酵を止め、ろ過、瓶詰しで澄んだ味わいにする。

ピエモンテ州を含むイタリアの山岳部地帯で、さかんに生産されている発泡性ワインをスプマンテと呼ぶ。なかでも、ユニークな製法をとるアスティ村のものが有名だ。

スプマンテのなかでも、甘口で果味あふれるアスティをドルチェ（デザート）と合わせるのが本場のピエモンテ流。アスティの名前は製造場所の村名からとった

Key word 4 アルプス山脈

アルプスの冷風がブドウを強くたくましくする

ピエモンテはイタリア語で、山の脚を意味する。この名の通り、ピエモンテ地方はアルプス山脈の裾野に広がり、冬には山脈から冷風が吹き込む。生育期でないブドウの木は寒気と風から自分を守るため強く、根も深くなる。そのため、この地方にあるブドウの木の幹は太くてたくましいものが多い。

Key word 5 リゼルヴァ

若いワインには与えられない称号

規定の期間以上熟成させたワインはリゼルヴァと呼ばれる。各地で違うが、バローロの場合、リゼルヴァと名のるのであれば5年以上熟成させなければならない。

バルバレスコの場合は、リゼルヴァとして出すには4年以上の熟成が条件だ

トスカーナ〈Toscana〉

イタリア中心部分に広がる重鎮

世界中で高く売れる酒より自分たちがうまいと思う酒を造るという姿勢が特徴的

切磋琢磨して銘酒を産出

トスカーナといえば、サンジョベーゼ種から造られる赤ワインのキアンティがとにかく有名だ。ブレンドにも独自の工夫を加え、各醸造所が競走し合って、高レベルのワインを造り続けている。

もともと、この地域のワインは裕福なフィレンツェのギルド(商工業組合)の手によって発達していった。最近ではウンブリアや海岸沿いの地区でも、上質なワインの生産が急速に進んでいる。なかでも、南西にあるモレリーノ・ディ・スカンサーノなどはサンジョベーゼ種の栽培に適しており、成功を収めている。

トスカーナのおもなワイン

- キアンティ Chianti ☆
- キアンティ・クラシコ Chianti Classico ☆
- ブルネッロ・ディ・モンタルチーノ Brunello di Montalcino ☆
- ヴィーノ・ノビレ・ディ・モンテプルチアーノ Vino Nobile di Montepulciano ☆
- カルミニャーノ Carmignano ☆
- コッリーネ・ルッケージ Colline Lucchesi
- モスカデッロ・ディ・モンタルチーノ Moscadello di Montalcino
- ロッソ・ディ・モンタルチーノ Rosso di Montalcino
- ヴェルナッチャ・ディ・サン・ジミニャーノ Vernaccia di San Gimignano ☆
- アンソニカ・コスタ・デッラルジェンターリオ Ansonica Costa dell'Argentario
- ビアンコ・デッレンポレーゼ Bianco dell'Empolese
- ビアンコ・デッラ・ヴァルディニエヴォレ Bianco della Valdinievole
- ビアンコ・ディ・ピティリャーノ Bianco di Pitigliano
- ビアンコ・ピサーノ・ディ・サン・トルペ Bianco Pisano di San Torpé
- ビアンコ・ヴェルジネ・ヴァルディキアーナ Bianco Vergine Valdichiana
- ボルゲーリ Bolgheri
- カンディア・ディ・コッリ・アプアーニ Candia dei Colli Apuani
- コッリ・デッレトルリア・チェントラーレ Colli dell'Etruria Centrale
- エルバ Elba
- モンテカルロ Montecarlo
- モンテレッジョ・ディ・マッサ・マリッティマ Monteregio di Massa Marittima
- モンテスクダイオ Montescudaio
- モレリーノ・ディ・スカンサーノ Morellino di Scansano
- パッリーナ Parrina
- ポミーノ Pomino
- ロッソ・ディ・モンテプルチアーノ Rosso di Montepulciano
- ヴァル・ダルビア Val d'Arbia
- ヴァル・ディ・コルニア Val di Cornia
- サンタンティモ Sant' Antimo

注:☆=DOCG(統制保証付原産地呼称)

DATA ●北緯43.45°／標高280m(観測所:フィレンツェ) ●ブドウ栽培面積…5.8万ヘクタール(2000年) ●主要品種…サンジョベーゼ種、トレッビアーノ種、カナイオーロ・ネーロ種、ヴェルナッチャ種など

トスカーナをよみとく5つのキーワード

裕福なフィレンツェから広まったトスカーナ州のワイン。代表銘柄はキアンティだ。

Keyword 1 キアンティ

ここが違った2種類のキアンティ

現在、キアンティと書かれたラベルとキアンティ・クラッシコ・リゼルヴァと書かれたラベルとがある。後者は限られた量しか収穫できない高品質のサンジョベーゼ種を使用し、10年以上の熟成にも耐えられるものだ。

薄く単純な味わいの大量生産されたキアンティに危惧し、高品質のブドウを使い、生み出されたのがきっかけである。

生産地域は広範囲に渡るため、粗悪品や類似品が出回りやすかったのも、キアンティ・クラッシコ・リゼルヴァが登場した理由のひとつ

Keyword 2 海岸地方

優れたワインを生む黄金の海岸

イタリア半島を中央に貫くアペニン山脈の西と東では地区ごとに気候や土壌が複雑に異なる。そのため、トスカーナ地方でも造られる地区により多種多様なワインが醸造されている。とくに、地中海に面した海岸地方のワインは注目度が高い。

評価されたのは、1940年代にロケッタ伯爵がボルゲリのサッシカイアでブドウ生産を始めたのがきっかけだ。

気候と土壌に恵まれ、やわらかな味わいのワインを造ることに成功した。このことで力を得た有力ワイナリーのアンティノーリ社の手により急速に発展。以来、美食の国のなかでも、この地域一帯をトスカーナの黄金の海岸と呼ぶようになった。

Key word 3 スーパートスカーナ

法律や品種の枠組みを超越して醸造

伝統的なトスカーナのブドウ品種や区域、醸造方法にこだわらず、自由な発想で造られたワインがイタリア国外で人気を博している。スーパートスカーナ（タスカンズ）とは、それらの超高級ワインの総称である。

イタリアのワイン法では規格外だが、欧米の富裕層たちに高値で取引され、受け入れられている。ソライヤやオルネッライヤ、ルーチェをはじめ続々と登場している。

サンジョベーゼ種100％のものや、カベルネ・ソーヴィニョン種やメルロー種などの国際種を使ったもの、オーク樽で熟成させたものなど実に多彩

Key word 4 フィレンツェ

フィレンツェなくしてトスカーナは語れない

フィレンツェは、1183年に都市国家として独立し、15世紀には"偉大なるクワトロチェント（15世紀）"といわれるまでに発展する。商工業組合や貴族など裕福な層の人々によって芸術や哲学が発達し、ワインの生産も例外ではなかった。

歴史の面影が残るフィレンツェの街並み

Key word 5 サンジョベーゼ

トスカーナワインを支えるブドウ品種

サンジョベーゼ種は、イタリア国内で最も栽培されている赤ワイン品種である。トスカーナ地方でも、キアンティやヴィーノ・ノビレ・ディ・モンテプルチャーノなど、重要な赤ワインのベースとなる。

モンタルチーノでは「ブルネッロ」と呼ばれており、DOCGワインのブルネッロ・ディ・モンタルチーノには、このブドウのみを使用。非常にコクのある香りの強烈なワインとなる。

ライン河の周辺に広がる帯状の地域

ラインガウ 〈Rheingau〉

川から上がる霧と川面の反射がブドウを保護

ライン河の北側に沿って伸びる、幅4kmほどの細長い地域。ブドウ畑は、川の蛇行を利用した日当たりのよい斜面に設けられ、リースリング種を主体に栽培されている。ここで造られるワインは余韻が長くしなやかかつ、爽やかである。

冬は冷涼だが夏は暑く、ブドウの生育期間は日中と夜間の寒暖の差が大きい。しかし、秋にはまわりの土地と川の水温との温度差で朝は濃い霧が発生し、ベールのようにブドウ畑全体を覆う。霧が保温の役目を果たし、冷気からブドウを守ってくれるのだ。これは、特産であるリースリング種の持ち味を十二分に引き出す条件でもある。

同じドイツの銘醸地、モーゼルと同様に、ギリギリしかない日照時間や積算温度が少しでも割り込むと、酸味が勝ったシャープなワインになる。けれども逆に、天候に恵まれた年のワインは、繊細で極上のものとなる。

DATA ●北緯50.02°／標高140m（観測所：ビースバーデン）●ブドウの栽培面積…3137ヘクタール（2004年）●主要品種…リースリング種、シュペートブルグンダー種、アスマンズハウゼン種など

斜面にブドウ畑が設けられたラインガウ。18世紀にワイン産業が復興して以来、このラインガウがドイツワインを牽引している

ラインガウをよみとく5つのキーワード

粒に含まれる糖度によってランクが決定するドイツワイン。ライン河によって発達した。

Key word 1　ライン河の曲折
川の蛇行で最適な土地が誕生

　ラインガウは北緯50度の、本来ならブドウ栽培の北限を越えた土地である。ところが、南から北に向かって流れるライン河が、タウヌス連山にぶつかって西へと進路を変えたことで、ブドウ作りに適する広い南向きの斜面ができた。ブドウ木1本ずつに日光を効率よく浴びせられるうえ、川面から太陽光が反射し、短い日照時間や気温の低さを補ってくれる。川幅が1kmになる場所もあり、収穫期の気温低下を防いでくれることからワインの名産地となった。

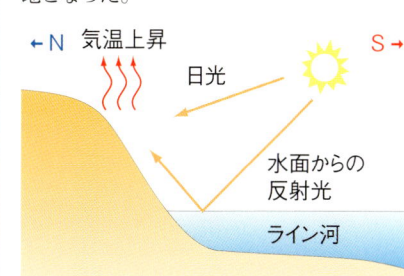

←N　気温上昇　日光　S→
水面からの反射光
ライン河

Key word 2　30年戦争
一度は廃れたワインを積極的に復興

　10世紀ごろ、フランク王国の拡大につれてドイツでのワイン生産は拡大し、ベルリンやメクレンブルクの周辺でもブドウが栽培されるようになった。ところが、17世紀に起こった30年戦争で国土は荒れ、農民は畑を離れ、ワイン生産も停滞してしまった。18世紀に入り平和が訪れるといち早くヨハネスブルクやエバーバッハを中心としたラインガウ地域が復興し、かつての活気を取り戻した。

Key word 3 プレディカート

ブドウの糖度によってランクをつける

ドイツは、フランスのように畑の格付けや生産制限と平行して、収穫時のブドウの糖度によって等級付けを行う。この等級分けをプレディカートといい、ドイツ語で「肩書き」を付けるという意味を持つ。

ドイツワインの最上級クラスはQmPだが、そのなかでも糖度の高さによりさらに6段階の称号がある(P80参照)。

Key word 4 霧

ラインガウのワインを守る大切な存在

先に述べたように、ラインガウ地域のブドウは霧によって冷気から守られる。だが、霧の役目はこれだけではない。秋深くなるとブドウを貴腐させるボトリティス・シネレア菌の繁殖にとって、高湿度と霧は絶好の条件。この霧のおかげで、ラインガウは貴腐ワインの産地としても世界屈指だ。

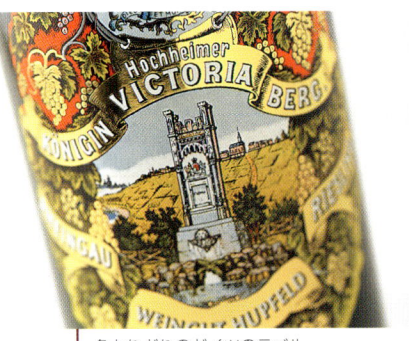

Key word 5 ラベル

目にも楽しい華やかなラベル

ドイツワインのラベルはほかの国と比べ、花文字やカラフルな色使いものが多く、特徴的である。なかには、200年以上もラベルが同じワイナリーもあり、かつてドイツの印刷技術が、世界でもトップレベルだったことがうかがえる。

色とりどりのドイツのラベル

モーゼル・ザール・ルーヴァー
〈Mosel-Saar-Ruwer〉

3本の川が生んだドイツの代表産地

熟成を重ねても若さを保つ

　モーゼル・ザール・ルーヴァー地域は、モーゼル河とそのの支流ザール河とルーヴァー河の流域を指し、6地区に分けられる。ミネラル分が豊富な土壌をシーファーと呼ばれる層板状の砕けた岩石が覆い、ラインガウと同様、川沿いの南西向きの急斜面でブドウが栽培されている。生産されるワインの大部分がリースリング種から造られる白ワインだ。
　モーゼルワインは、リースリング種特有の爽やかな味わいを持ち、少し熟成させると、穏やかな酸味と甘みに、土壌からのミネラルが調和した複雑な味わいに変化する。さらに熟成を重ねると、ハチミツや針葉樹の樹液のような香りとともに、若々しさを長く保持する逸品となる。

DATA（ルーヴァー）
●北緯 51.19°／標高 200m（観測所：カッセル）●ブドウの栽培面積…9266ヘクタール（2004年）●主要品種…リースリング種、ミュラー・トゥルガウ種、エルブリング種、ケルナー種など

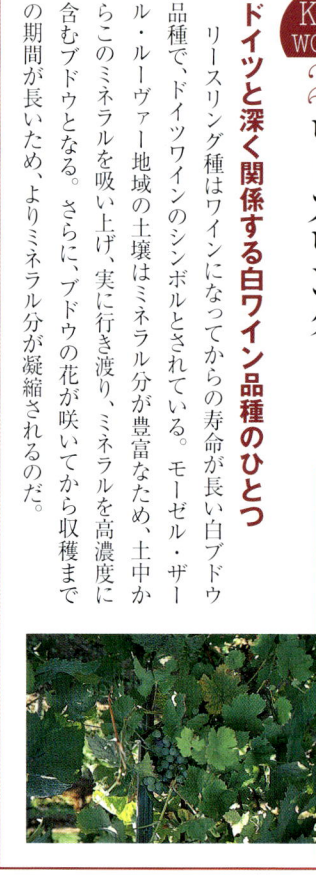

モーゼル・ザール・ルーヴァーをよみとく5つのキーワード

ドイツで最初にブドウ栽培が始まったのはモーゼル地域。シーザー侵攻の記録がある。

Key word 1 アイスヴァイン
凍結したブドウからワインを醸造

緯度の高いドイツでは、収穫期の後期になると朝夕に気温が氷点下に達することがある。収穫を遅らせたブドウが枝になったまま水分だけが凍結して、糖分や酸味が凝縮され、極上の甘口のワインが生まれる。

−8℃程度の気温が6〜8時間続くことが必要で数年に一度しか造ることができない。シャルツホーフベルクのものが最も有名で高価

Key word 2 リースリング
ドイツと深く関係する白ワイン品種のひとつ

リースリング種はワインになってからの寿命が長い白ブドウ品種で、ドイツワインのシンボルとされている。モーゼル・ザール・ルーヴァー地域の土壌はミネラル分が豊富なため、土中からこのミネラルを吸い上げ、実に行き渡り、ミネラルを高濃度に含むブドウとなる。さらに、ブドウの花が咲いてから収穫までの期間が長いため、よりミネラル分が凝縮されるのだ。

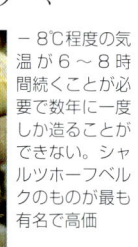

Key word 3 シーザー遠征
ローマ軍人よりドイツに定着

ドイツワイン生産はシーザーの遠征により、侵攻したローマ人が畑にブドウを植えたことが始まりだ。モーゼル河中流付近が最古の生産地帯だとされている。

Key word 4 日時計

畑の特徴やようすを表す珍名がたくさん

ドイツワインの名前の構造は、前半は生産地域・村の名前、後半はブドウ園や畑、区画の名前が付く。この畑やブドウ園の名前はユニークなものが多い。

たとえば、上品な酸味となめらかさを持つヴェレーナー・ゾンネンウーア。ゾンネンウーアとは、ベルンカステル地区を代表する畑の名前で、日時計という意味。山腹に設けた日時計付近は最も長い日照時間になるからだ。

ほかにも、ヘル＝炎地獄、ドクター＝医者など、ユニークな名をもつ畑がたくさんあり、ドイツ語の辞書片手にあれこれ推測するのも楽しい。

ドイツの珍名畑

シュヴァルツェ・カッツ／黒猫
トレプヒェン／小階段
ヒンメルライヒ／天国
ゴルドトロップヒェン／金の滴
ゾンネンベルク／太陽の山
シュタインベルク／石山
ベルク・ロットランド／ごろつきの山
ヘレンベルク／冥土の山
ベーリッヒ／厚板状、帯状
アイルフィンガーベルク／11本の指の山

Key word 5 棒仕立て

不利な栽培事情から発生したアイデア

高緯度のこの地域は急斜面に畑が作られるため、ブドウ木が横に広く枝を伸ばすと、ほかの枝葉がじゃまをして日光の届かない枝や房が出てきてしまう。

そこでモーゼル地区では、2本の枝をまるめて、ハート形に長い杭に巻き付ける、棒つくりという仕立て方法をとる（左図参照）。こうするとどの木にも1本ずつ四方向から日が当たり、実の成熟にばらつきが少なくなる。

日照時間の短いブドウから造られたワインの味もあまりよくない。この地域ではブドウのでき具合を均等にするため、棒つくりの仕立て方をとる。なだらかな土地に向く垣根つくり、多湿な地域なら棚つくりなどは旧来の方法

リオハ 〈Rioja〉

オーク樽で熟成を行う

フランスワインにはない重厚な味わいと軽快さ

スペイン北東部のエブロ河流域にあたるリオハは、スペインを代表する銘醸地である。日照量が多い反面、海抜高度が高く、数々の良質なワインが生産されている。ボルドーワインとブルゴーニュワインを合わせたような味わいがあり、長期熟成タイプも多く幅広い層から支持がある。

リオハのワイン生産方法や流通は、19世紀にヨーロッパで起こったフィロキセラ被害がきっかけとなって、大きく変わった。現在でもその名残がいくつかある。たとえば、栗材やオーク材の樽で長期熟成させる独自の方法を持っているが、これはフィロキセラ被害による移住者から伝わったものである。

また、ワインに金網を張って出荷するが、これはフィロキセラ時代にラベルを著名なものに張り替えるといった不正行為が頻繁に起こったため、そもそもそれを防ぐ手段だった。

リオハのワイン祭りの民族衣装

DATA ●北緯 42.27°
●標高 480m（観測所：アロ）●ブドウの栽培面積…5万ヘクタール
●主要品種…テンプラニーリョ種、ガルナッチャ種、ティンタ種（グルナッシュ）、グラシアノ種など

70

リオハをよみとく3つのキーワード

スペインワインを支えるのはオーク樽と「早熟」が語源のテンプラリーニョ種。

Keyword 1 オーク樽
オーク樽によって味わいが進化

リオハでは、かつては発酵期間を短くして、栗樽やアメリカンオーク樽で長期熟成するのが主流であったが、近年はブドウの浸漬を長く行い、フレンチオーク樽で短期熟成した当世風のワインも増えている。

熟年数とラベルの表記

表示	樽熟	熟成期間（樽熟＋瓶熟）
シン・クリアンサ Sin Crianza / ホーヴェン Jóven	樽熟期間がほかの条件に満たない、または樽熟しないワイン	
クリアンサ Crianza（赤）	6か月以上（リオハ赤は1年）	2年以上（樽熟含め）
クリアンサ Crianza（白/ロゼ）	6か月以上	1年以上（樽熟含め）
レゼルヴァ Reserva（赤）	1年以上	3年以上（樽熟含め）
レゼルヴァ Reserva（白/ロゼ）	6か月以上	2年以上（樽熟含め）
グラン・レゼルヴァ Gran Reserva（赤）	2年以上	3年以上（瓶熟）
グラン・レゼルヴァ Gran Reserva（白/ロゼ）	6か月以上	4年以上（樽熟含め）

Keyword 2 テンプラニーリョ
スペインの気候に適した収穫時期

スペインのワインにとって、最も重要なブドウはテンプラニーリョ種だ。この品種を用いると、香り高くなめらかな渋みと豊かな酸味を持つワインができる。スペイン語で早熟を意味するテンプラーノから名付けられ、もうひとつの主要品種であるガルナッチャ種よりも2週間ほど収穫が早い。そのため、リオハ・アルタやリオハ・アラベサといった高地の厳しい気候の下でも育てやすく、これらの地域では栽培面積の70％を占めている。

Keyword 3 フィロキセラ
害虫被害を機に優秀さが広まった

19世紀にヨーロッパを襲ったフィロキセラ（害虫）被害でボルドー地方では、ネゴシアンが持つブレンド用の酒がなくなった。そこで代替品としてボルドーのイメージに近いリオハワインに白羽の矢が立った。

スペインを代表する酒 シェリーの魅力

選別鑑定にはヴェネンシアと呼ばれる細長い道具を使い、糸のように垂らして注ぐ

華やかな香りの理由は発酵過程にあり

天日干しして乾燥させた白ブドウから造られるシェリー。スペインのなかでも南部に位置するアンダルシア地方の特産である。

シェリーの原料となるブドウ品種は、パロミノ種とペドロ・ヒメネス種。乾燥して気温も高いアンダルシアの気候と石灰質土壌が、これらの品種の魅力を存分に引き出してくれる。

芳醇な香りが何より特徴するのだ。

だが、これは発酵後の特殊な酵母のはたらきによるもの。樽の上部にスペースを残して熟成させる。すると、フロール（花）と呼ばれる白い膜によってゆっくりワインを酸化させずにゆっくりとシェリー独特の芳香が誕生する。

ちなみに、シェリーを熟成するときは、ソレラ・システムという手法がとられる。

おもなシェリー

名称	特徴	アルコール度
フィノ	淡い麦わら色をしており、キレのある辛口。パロミノ種から造られ、フロール香がある。	15〜17度ほど
オロロソ	琥珀色をしていてフロール香はなく、アロマティックな香りがする。辛口、甘口がある。	20〜24度ほど
ペドロ・ヒメネス	ペドロ・ヒメネス種から造られる甘口のタイプ。	13度前後

ソレラ・システム

下段に古いワイン、上段に新しいワインとなるよう樽を重ねる。出荷するワインの熟成状態を均等にするため、下段のワインを汲んだら、減った分量だけ上段のワインを補填する。

- 白系ブドウ
- ↓
- 天日乾燥
- ↓
- 破砕
- ↓
- 圧搾
- ↓
- 発酵
- ↓
- 選別
- ↓
- フロール酵母繁殖
- ↓
- 選別
- ↓
- ブランデー添加
- ↓
- 熟成ソレラシステム
- ↓
- ブレンド
- ↓
- 瓶詰め
- ↓
- 出荷

第4章

国別ワイン事情

伝統あるワイン王国
フランス
France

今も昔もワイン生産国のトップに君臨するフランス。各地で造り続けられる上質なワインは、ブドウ栽培に適した気候と徹底した品質管理の賜物だ。

地図ラベル

- 北極からの冷気
- 山あいの日だまり
- ヴォージュ山脈
- アルザス
- 山地
- すりばち状盆地
- 石灰岩
- ジュラ
- 冷気と熱気がせめぎ合うポイント
- 高地
- サヴォラ
- フェーン現象
- アルプス山脈
- コート・デュ・ローヌ北部
- コート・デュ・ローヌ南部
- ラッパ状扇状地。先に行くほど風が速く吹く
- プロヴァンス
- マルセイユ
- アフリカ大陸からの乾燥した熱気

Data

国データ

- ●面積…約55万1700km²
- ●人口…約6168万人(2004年11月)
- ●首都…パリ
- ●7月の平均気温…20.3℃(メリニャック/ボルドー)
- ●9月の降水量…70mm(同)
- ●主要品種…カベルネ・ソーヴィニョン種など

ワインデータ

- ●ブドウ栽培面積…82.5万ヘクタール(2004年)
- ●年間ワイン生産量…480万kℓ(同)
- ●品質分類…AOC、VDQS、Vins de Pays、Vins de Table
- ●備考…ブドウの栽培は半分以上が赤ワイン用品種。全土に産地が点在し、優秀なワインを多数生み出す

- リンゴ地帯（ブドウが育たない）
- ルーアン
- パリ
- シャンパーニュ
- 石灰岩層が露出
- シャブリ
- モン・サン・ミッシェル
- 湿気高い貴腐ワイン
- ロワール川
- プイィ
- サンセール
- ロワール
- ブルゴーニュ
- ナント
- ミュスカデ
- 砂利
- 石灰岩層
- 樫の森林
- 寒流
- ビスケー湾
- 砂利
- ＜コニャック＞
- 合流地点。湿気ある貴腐ワイン
- 春、秋に霧、雫、雨が発生
- 冷たい水流
- ボルドー
- ドルドーニュ川
- 中央高地
- カオール
- 暖かい水流
- ガロンヌ川
- ランド
- トリュフ
- フォアグラ
- アルマニャック
- 南西地方
- 暖流
- ラングドック＆ルー
- スペイン リオハ
- フェーン現象
- ピレネー山脈

France

恵まれた土地とこだわりが生んだ美酒の宝庫

フランスは、ヨーロッパにおいて特異なほど多彩な地勢を持っている。地中海と大西洋に囲まれ、西にピレネー山脈、東にアルプス山脈の山々が連なり、縦横無尽に川が流れる。フランスがワイン生産国として世界の頂点に立つのは、このように恵まれた地形であることが関わっている。ブドウ栽培に適した土地が全土に点在しているのだ。ワインの産地は、ブドウ栽培に向かないパリより北とパリ以西を除いて、広域に広がっている。代表的な産地は、ボルドー、シャンパーニュ、ブルゴーニュ、プロヴァンスなど。伝統的な醸造技術を用いて、地域ごとに個性あふれるワインを生み出している。

フランスが「ワイン王国」と賞される所以はそれだけではない。フランス国内で生産されたワインは、AOCをはじめとする格付けが設けられており、地域、品種、醸造方法、1ヘクタールあたりの最大収穫量などが明確に定められている。その規定のもと、厳しく管理され、その品質はラベルに表示される。だからこそ、クオリティの高いワインを生産し保証できるのである。

フランスワインの品質分類

AOC ……………… 原産地統制呼称ワイン
(Appellation d'Origine Contrôlée)

VDQS……………… 優良品質限定ワイン
(Vins Délimités de Qualité Supérieure)

Vins de Pays

Vins de Table ………… テーブルワイン

アルザスのブドウ畑。中世の面影を残す街並みが緑に溶け込む田園風景

おもなワイン産地

Alsace
アルザス
アルザスは、ドイツに隣接する国境近くの地域。フランスのほかの地域と比べ年間降水量が少なく、乾燥しており、ドイツワインとは対照的な極辛口のコクのある白ワインが主体となる。ラベルにはブドウ品種が記される。

雨の少ない乾いた気候はワイン用ブドウの最適地

Bordeaux **ボルドー** ▶ P42
Bourgogne **ブルゴーニュ** ▶ P48
Côtes du Rhône **コート・デュ・ローヌ** ▶ P56

Champagne
シャンパーニュ
シャンパン発祥の地であるシャンパーニュ地方は、ブドウ栽培に適した、キンメリジャン地層だ。また、寒暖差の大きい盆地気候で北緯は高いが海に近いため、気象は穏やか。スパークリングワインを造るのに適している。ここで生産されたもののみシャンパン（シャンパーニュ）と呼ぶことができる。

世界一有名なスパークリングワインを生むブドウ畑

Provence
プロヴァンス
マルセイユからニースにかけての海岸線一帯とエクサン・プロヴァンスの内陸部。辛口のロゼをはじめ多彩だ。

Languedoc & Roussillon
ラングドック＆ルーション
国内最大のブドウ栽培面積を持ち、スペイン国境からマルセイユまで地中海沿岸に広範囲におよぶ。おもに日常ワインを産出。

Val de Loire
ロワール
ロワール河流域の周辺地域約500kmに渡る軽快なワインを産する地域。上流からフランス中央地区、トゥレーヌ地区、アンジュー・ソミュール地区、ナント地区の4区分にされる。

上質なワインをもたらす、ロワール河の豊かな流れ

Sud-Ouest
南西地方
ボルドー地方の東からピレネー山脈までに点在する産地の総称。ベルジュラック地区、カオール地区など12地区からなる。

Savoie & Jura
サヴォラ＆ジュラ
ジュラはスイスの国境近くで「ヴァンジョーヌ」や「ヴァン ド パイユ」が有名。サヴォラはジュラ地方の東南の小産地。

北と南で変わる味わい
イタリア
Italy

ワインと食事が密接な関係にあるイタリア。芳醇な北、軽快多彩な南と、歴史、風土や文化、特産物の違いから食事もワインも味わいや特徴が異なる。

ユニークな地形が優良なブドウを育む

イタリアはフランス同様のワイン大国である。南北に細長く、南西、南東に突き出る半島と、中央に連なる山脈、2つの島、長靴形の地形は「エノトリーア・テルス（ワインを造る大地）」と称された。

イタリアでは、ワインと食事は一体である。南北に長いため、北と南で気候や風土が異なる。共通するのはオリーブオイル、チーズ、ハムだが、北はバター、生クリームなど乳製品や牛肉、南はニンニクやスパイスをきかせた料理が多い。ワインも大きく分けて、北はずっしりと重厚、南に行くほど爽やかで酸味のあるものになる。

イタリアワインの品質分類

DOCG…統制保証付原産地呼称
(Denominazione di Origine Controllata e Garantita)

DOC ………… 統制原産地呼称
(Denominazione di Origine Controllata)

IGT
(Indicazione Geografica Tipica)

Vino da Tavola…テーブルワイン

Data

国データ
- 面積…30.1万km²
- 人口…約5788万人（2004年）
- 首都…ローマ
- 7月の平均気温…22℃（トリノ／ピエモンテ）
- 10月の降水量…85mm（同）
- 主要品種…バルベーラ種、ネッビオーロ種など

ワインデータ
- ブドウ栽培面積…72.7万ヘクタール（2005年）
- 年間ワイン生産量…505万kℓ（同）
- 品質分類…DOCG、DOC、IGT、Vino da Tavola
- 備考…古代ローマ軍が占領地域にブドウを広めた。現在、全20州でワインが醸造されている

DOCG ワイン

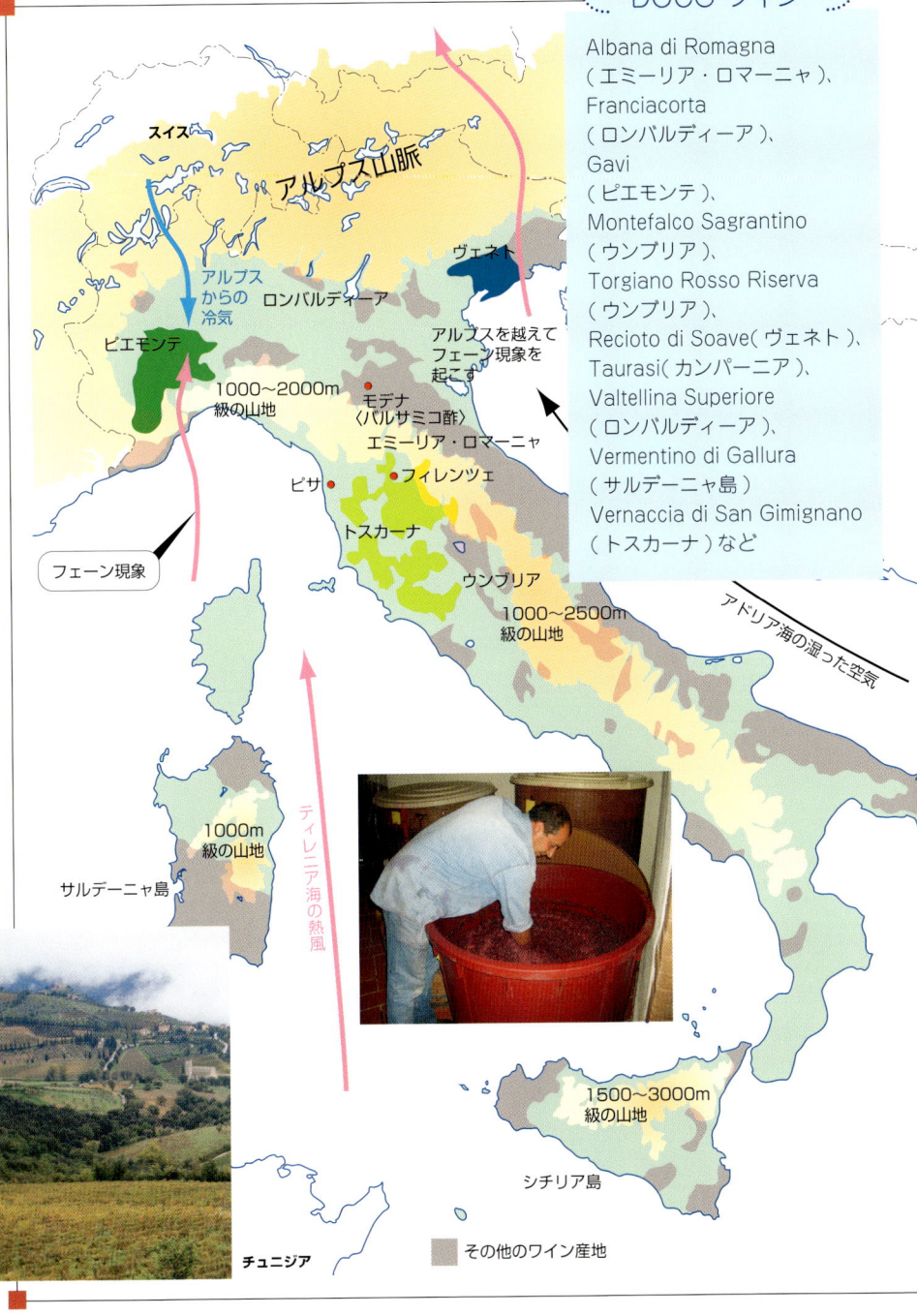

Albana di Romagna（エミーリア・ロマーニャ）、
Franciacorta（ロンバルディーア）、
Gavi（ピエモンテ）、
Montefalco Sagrantino（ウンブリア）、
Torgiano Rosso Riserva（ウンブリア）、
Recioto di Soave（ヴェネト）、
Taurasi（カンパーニア）、
Valtellina Superiore（ロンバルディーア）、
Vermentino di Gallura（サルデーニャ島）
Vernaccia di San Gimignano（トスカーナ）など

スイス
アルプス山脈
ヴェネト
アルプスからの冷気
ロンバルディーア
ピエモンテ
アルプスを越えてフェーン現象を起こす
1000〜2000m級の山地
モデナ〈バルサミコ酢〉
エミーリア・ロマーニャ
ピサ
フィレンツェ
トスカーナ
フェーン現象
ウンブリア
1000〜2500m級の山地
アドリア海の湿った空気

サルデーニャ島
1000m級の山地
ティレニア海の熱風

1500〜3000m級の山地
シチリア島

チュニジア
　　　　　その他のワイン産地

不利な条件を見事に克服
ドイツ
Germany

決して恵まれた気候とはいえないドイツは、ワインが生産できるぎりぎりの土地。我慢強くじっくり熟したブドウからは張りのある極上の白ワインが生まれる。

不遇な気候を地形でカバー

ドイツ北東部は高緯度なため日照時間が十分とはいえず、本来ならブドウ栽培には向かない。ところが、2本の川のおかげで有数のワイン生産国となっている。川に面した土地に畑を設け、川の日光反射を利用して日照量を補っているのだ。

ドイツは白ワイン生産が大半である。そもそもドイツでワインは食事と合わせるためだけではなく、厳しく長い冬を楽しく過ごすための保存できるフルーツ的役割を持つ。そのため、糖と酸がぎゅっと詰まった甘口ワインは最上の価値のあるものとされている。

ドイツワインの品質分類

QmP
Kabinett（カビネット）
Spätlese（シュペートレーゼ）
Auslese（アウスレーゼ）
Beerenauslese（ベーレンアウスレーゼ）
Eiswein（アイスヴァイン）
Trockenbeerenauslese
（トロッケンベーレンアウスレーゼ）
QbA ………………… 上級ワイン
Deutscher Landwein …… 地酒
Deutscher Tafelwein
………………… テーブルワイン

Data

国データ
- 面積…35.7万km²
- 人口…約 8250万人（2004年）
- 首都…ベルリン
- 7月の平均気温…18.6℃（ラインガウ、2004年）
- 10月の降水量…44.2mm（同）
- 主要品種…リースリング種、ミュラートラルガウ種など

ワインデータ
- ブドウ栽培面積…10.6万ヘクタール（1999年）
- 年間ワイン生産量…105万kℓ（2004年）
- 品質分類…QmP、QbA、Deutscher Landwein、Deutscher Tafelwein
- 備考…ブドウの栽培割合は白ワイン用品種が大半。ワインの生産は、北東部に限られている

QmP 40地区

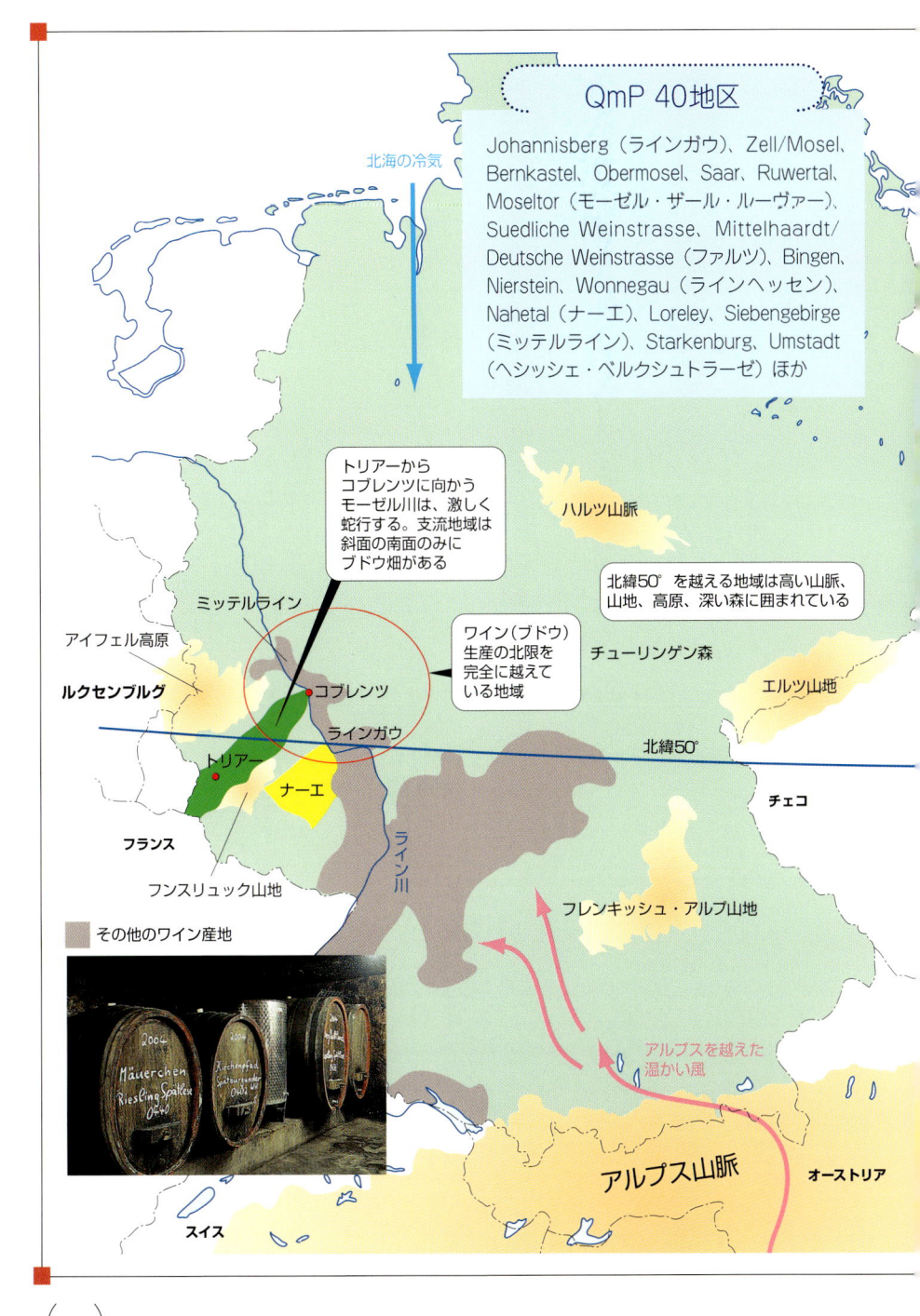

Johannisberg（ラインガウ）、Zell/Mosel、Bernkastel、Obermosel、Saar、Ruwertal、Moseltor（モーゼル・ザール・ルーヴァー）、Suedliche Weinstrasse、Mittelhaardt/Deutsche Weinstrasse（ファルツ）、Bingen、Nierstein、Wonnegau（ラインヘッセン）、Nahetal（ナーエ）、Loreley、Siebengebirge（ミッテルライン）、Starkenburg、Umstadt（ヘシッシェ・ベルクシュトラーゼ）ほか

北海の冷気

トリアーからコブレンツに向かうモーゼル川は、激しく蛇行する。支流地域は斜面の南面のみにブドウ畑がある

ハルツ山脈

ミッテルライン

ワイン（ブドウ）生産の北限を完全に越えている地域

北緯50°を越える地域は高い山脈、山地、高原、深い森に囲まれている

アイフェル高原

チューリンゲン森

ルクセンブルグ

コブレンツ

エルツ山地

ラインガウ

トリアー

北緯50°

ナーエ

チェコ

フランス

ライン川

フンスリュック山地

フレンキッシュ・アルプ山地

■ その他のワイン産地

アルプスを越えた温かい風

アルプス山脈

オーストリア

スイス

ボルドーから受け継いだ技術
スペイン
Spain

ボルドーより移り住んだブドウ栽培者とワイン生産者の手によって、めざましい発達を遂げたスペインワイン。いまや世界で3位の生産量を誇る。

日常酒の産地から世界屈指の生産国へ

19世紀の後半、フィロキセラ被害により、フランス・ボルドー地方を含むワイン産地が壊滅する事件が起きた。それを機に、ボルドーからワイン生産者たちがスペインのリオハへと移住してきた。これが、スペインワイン発展の幕開けである。やがて各地に広まり、現在ではブドウの栽培面積が世界第1位、ワイン生産量は世界第3位となっている。

代表的な産地は、リオハ、スペイン国内のワインの半分を生産しているラ・マンチャ地方など。また、シェリーの名産地・南部のヘレスや発泡酒・カバで有名なカタルーニャ地方も有力なワイン生産地である。

スペインワインの品質分類

DOCa…特選原産地呼称ワイン
(Denominación de Origen Calificada)

DO ………… 原産地呼称ワイン
(Denominación de Origen)

Vino de la Tierra

Vino de Mesa
………………… テーブルワイン

Data

国データ
- ●面積…50.6万km²
- ●人口…約4269万人（2004年）
- ●首都…マドリード
- ●7月の平均気温…22.2℃
 （ログローニョ／リオハ、2004年）
- ●10月の降水量…31mm（同）
- ●主要品種…テンプラニーリョ種、アイレン種、パロミノ種など

ワインデータ
- ●ブドウ栽培面積…122万ヘクタール（2002年）
- ●年間ワイン生産量…464万kℓ（2003年）
- ●品質分類…DOCa、DO、Vino de la Tierra、Vino de Mesa
- ●備考…主要地域はリオハ、ラ・マンチャ地方、伝統的なロゼワインで知られるナヴァラ州など

アイルランドを
すり抜けた
北極海の寒流

ビスケー湾

フランス

ガリシア地方

海抜450〜600m

海抜600m

海風の通る
丘陵地

2000m級の山地

冷涼地
リアス
バイジャス

リオハ

ナヴァラ

ピレネー山脈
3000m級の山地

フェーン現象で
乾燥した熱い
風をもたらす

リベラ・デル・
デュエロ

プリオラート

エブロ川

カタルーニャ

ペネデ

ポルトガル

マドリード

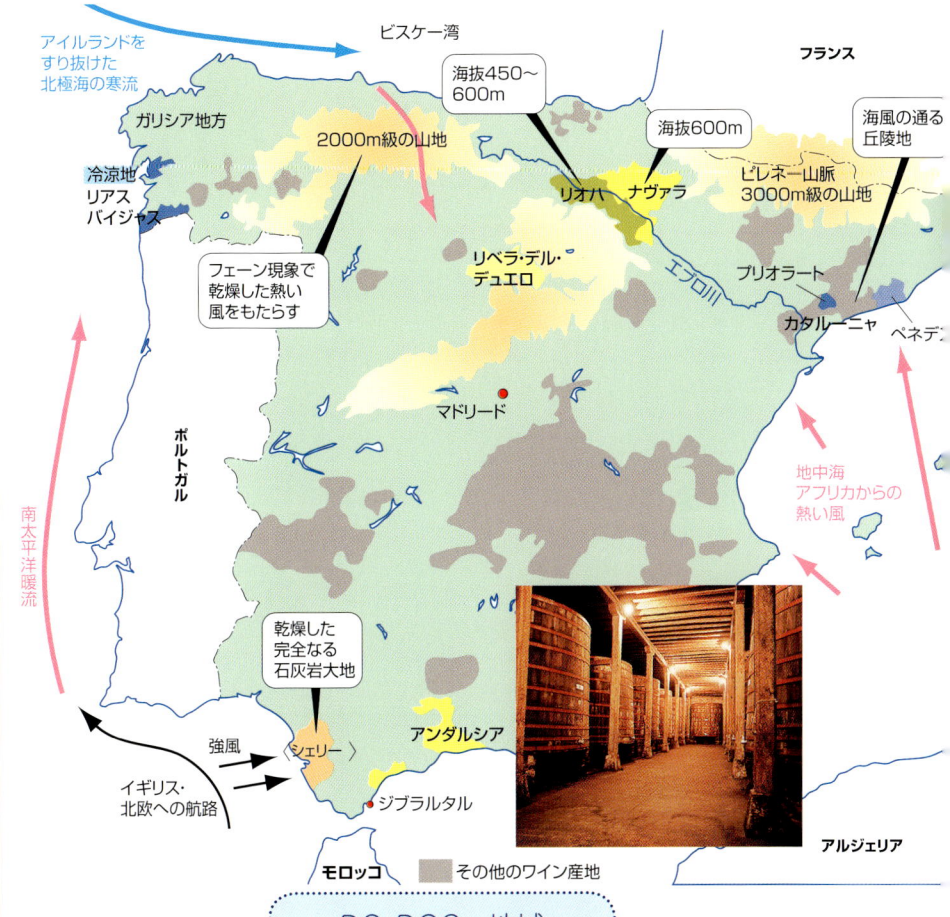

南太平洋暖流

地中海
アフリカからの
熱い風

乾燥した
完全なる
石灰岩大地

〈シェリー〉

アンダルシア

強風
イギリス・
北欧への航路

ジブラルタル

アルジェリア

モロッコ　■ その他のワイン産地

DO-DOCa 地域

Alella、Ampurdán-Costa Brava★、Penedés、Priorato、Monsant、Tarragona、Terra Alta、Costers del Segre、Conca de Barberá、Pla de Bages、Cataluña（北東部海岸地方）、Rioja☆、（エブロ河流域）、Cariñena、Campo de Borja、Calatayud、Somontano（アラゴン）、Chacolí de Bizkaia、Chacolí de Getaria、（バスク）Cigales、Toro、Rueda、Ribera del Duero（カスティーリャ・レオン）、Ribeiro、Valdeorras、Bierzo、Rías Baixas、Monterrei、Ribeira Sacra（ガリシア）、Méntrida、La Mancha、Valdepeñas、Vinos de Madrid、Mondéjar（セントロ）、Almansa、Bullas、Yecla（レヴァンテ）など
☆=DOCa
★=州政府レベルでDOCa

83

海から上がる霧を利用
アメリカ
America

アメリカ国内でも、カリフォルニア州が生産量No1。ブドウ栽培に適した土地柄と最新技術をいかし、トレンドを意識したワインを生産し続けている。

市場の嗜好に合わせたワイン造りが強み

広大なアメリカ合衆国のなかで、最もワイン醸造がさかんなのはカリフォルニア州である。

海からの風が空調の役割をし、複雑に波打った地形により地域ごとに細かく気候が異なる。そのため、土地に合ったさまざまなブドウが栽培され、各地で多彩なワインを産出している。

歴史は200年余りと浅いが、その分自由な発想でワインを造っている。

大きく発達したのは1980年代。ヨーロッパの銘醸ワインに迫る品質のワイン生産に成功し自信をつけたことなどがきっかけだ。

カリフォルニアワインのスタイル

ジェネリック・ワイン
安価なデイリーワイン。複数のブドウ品種を使用
メリタージュ・ワイン
ボルドー原産のブドウをブレンドしたワイン
プロプライアタリー・ワイン
ワイナリーの名前を冠したブレンド品種のワイン
ヴァラエタル・ワイン
ブドウの品種をラベル表示しているワイン

Data
国データ
●面積…962.8万km²
●人口…約2億8142万人(2000年)
●首都…ワシントン D.C.
●7月の平均気温…21.3℃
(ソノマ/ソノマ・ヴァレー)
●9月の降水量…10mm(同)
●主要品種…リースリング種、ソーヴィニオン・ブラン種など

ワインデータ
●ブドウ栽培面積…37.4万ヘクタール(1999年)
●年間ワイン生産量…206万kℓ(同)
●品質分類…産地表示の規定はあるが欧州的な階級状の分類はない
●備考…約7割がカリフォルニアワイン。カリフォルニアには、最新の技術を導入した近代的なワイナリーが多い

アメリカを代表する醸造地、カリフォルニア

ワイン指定栽培地域

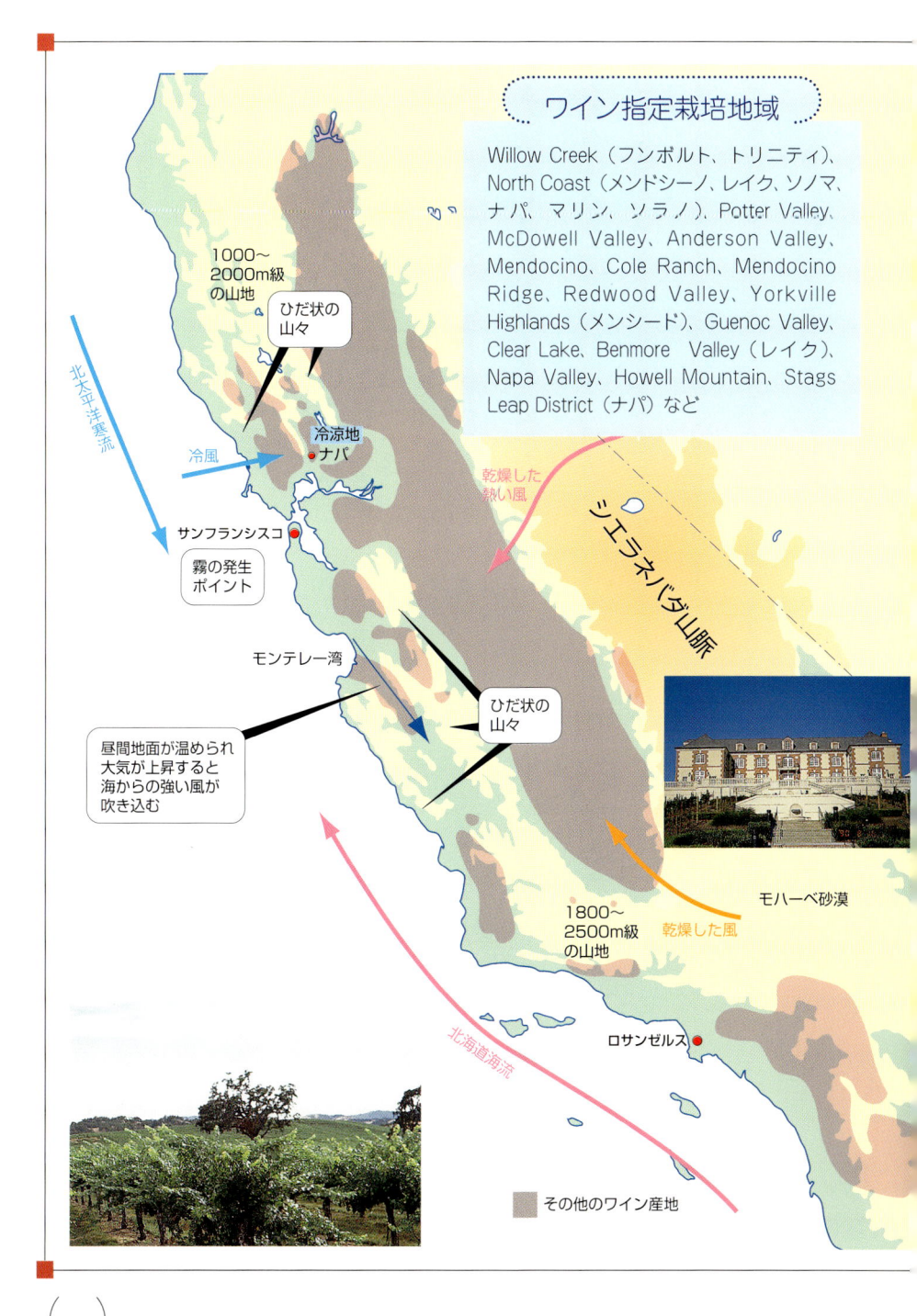

Willow Creek（フンボルト、トリニティ）、North Coast（メンドシーノ、レイク、ソノマ、ナパ、マリン、ソラノ）、Potter Valley、McDowell Valley、Anderson Valley、Mendocino、Cole Ranch、Mendocino Ridge、Redwood Valley、Yorkville Highlands（メンシード）、Guenoc Valley、Clear Lake、Benmore Valley（レイク）、Napa Valley、Howell Mountain、Stags Leap District（ナパ）など

- 1000～2000m級の山地
- ひだ状の山々
- 冷涼地
- ナパ
- 北太平洋寒流
- 冷風
- サンフランシスコ
- 霧の発生ポイント
- モンテレー湾
- 昼間地面が温められ大気が上昇すると海からの強い風が吹き込む
- ひだ状の山々
- 乾燥した熱い風
- シエラネバダ山脈
- モハーベ砂漠
- 乾燥した風
- 1800～2500m級の山地
- 北海道海流
- ロサンゼルス
- その他のワイン産地

ワイン造りは南東部がメイン
オーストラリア
Australia

ワイン生産国としては若い国だが、技術や品質は折り紙つき。その優秀さは、ブドウの栽培に適した気温と降水量、熱心な研究心によるものだ。

めまぐるしく進化するニューカマー

オーストラリアはカリフォルニア同様にワイン醸造の歴史は浅い。しかし、気温、降雨量、日照、地形と海流などの気候条件に恵まれているため、毎年安定した品質のワインをリーズナブルな価格で提供している。

産地は大陸南部に多く、9割を南オーストラリア州、ニュー・サウス・ウェールズ州、ヴィクトリア州の3州が占めている。南東の細い半島部やタスマニア島は、ピノ・ノワール種やリースリング種のできばえがすばらしく、これからが楽しみな産地として注目されている。

オーストラリアワインのスタイル

ジェネリック・ワイン
日常的に飲まれる低価格のデイリーワイン

ヴァラエタル・ワイン
ラベルにブドウ品種の表示がある高級ワイン

ヴァラエタル・ブレンドワイン
上質なブドウ品種をブレンドしたワイン

Data

国データ
- 面積…769.2万km²
- 人口…約2063万人(2006年4月)
- 首都…キャンベラ
- 1月の平均気温…21.1℃(ヌリウートパ/バロッサ・ヴァレー)
- 3月の降水量…25.4mm(同)
- 主要品種…シラーズ種、カベルネ・ソーヴィニョン種、メルロー種、ピノ・ノワール種など

ワインデータ
- ブドウ栽培面積…12.3万ヘクタール(1999年)
- 年間ワイン生産量…85万kℓ(同)
- 品質分類…アメリカ同様、産地表示に規定はあるが格付けはない
- 備考…主要産地は南オーストラリア州、ニュー・サウス・ウェールズ州など

現在113か国に輸出されており、各地で需要がある

南緯34°

ハンターバレー高地

アデレート

無数の河川が流れ
きわめて入り組んだ地形を
形成。多様な表土が分布

1000〜1500m級の山地

シドニー

太平洋暖流

キャンベラ

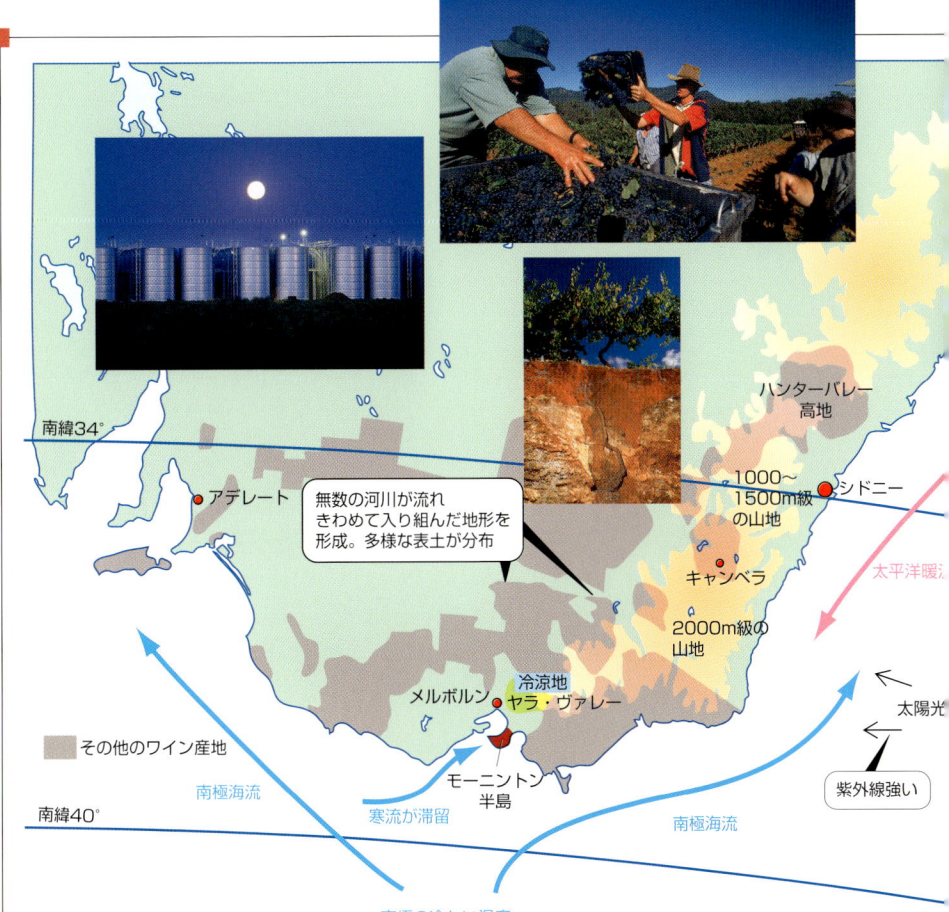

2000m級の山地

冷涼地
メルボルン ● ヤラ・ヴァレー

太陽光

その他のワイン産地

モーニントン半島

紫外線強い

南緯40°

南極海流

寒流が滞留

南極海流

南極の冷たい温度

おもなワイン産地

Peel、Geographe、Great Southern、Margaret River、Perth Hills、Swan Districtなど（ウエスタン・オーストラリア）Granite Belt、South Burnrtt（クイーンズランド）Hastings River、Hilltops、Hunter Valley、Mudgee、Perricoota、Riverina、Shoalhaven Coast、など（ニュー・サウス・ウェールズ）Barossa Valley、Clare Valley、Coonawarra、Currency Creek、Eden Valley、Kangaroo Island、Langhorne Creek、McLaren Vale、Mount Bensonなど（サウス・オーストラリア）Geelong、Goulburn Valley、Grampians、Heathcote、Henty、King Valley、Macedon Ranges、Mornington Peninsula、Murray Darling、Pyrenees、Rutherglen、など（ヴィクトリア）

日進月歩の技術に注目

日本
Japan

多湿で、ブドウが成熟する時期に雨が降る日本。しかし、最近ではワインの品質がめきめきと向上しており、世界でも認められつつある。

世界にチャレンジする国産ワイン

湿気が多く、ブドウの開花期である6月、収穫期の9月に降雨量が多い日本は、ブドウ栽培の適地が少ない。しかし、近年は栽培技術や醸造技術はめざましい進歩を遂げ、品質水準は高くなっている。また、古来からの甲州種をはじめ甲斐ノワールなど国内で開発した適応品種も数多い。

日本のブドウといえば棚仕立て。イタリアやポルトガルの一部でも見られる

おもなワイン産地

山梨 大手メーカーのワイナリーが多く、県内でもとくに甲州市、甲府市が有名。甲州種が産まれ育った土地である

長野 塩尻市の信州桔梗ヶ原はブドウ栽培がさかんに行われ、ワインのメッカとして知られている

山形 寒暖の差が大きく、ブドウ栽培に適した土地。優良な小規模生産者が多い

北海道 十勝ワインなどを生産する富良野市や池田町をはじめ全道に産地がある

― *Data* ―

国データ
- 面積…37.8万km²
- 人口…約1億2775万人(2005年)
- 首都…東京
- 7月の平均気温…25.1℃ (甲府/山梨、2005年)
- 9月の降水量…190mm (同)
- 主要品種…甲州種、マスカットベリーA種、甲斐ノワール種など

ワインデータ
- ブドウ栽培面積…2万ヘクタール(2005年)
- 年間ワイン生産量…7万kℓ (2004年)
- 品質分類…1987年に日本ワイナリー協会が表示基準などを自主的に定めた。格付けはない
- 備考…山梨県が全ブドウ生産量の25%を占めている(2005年)。

温かい気候が生んだ銘酒
ポルトガル
Portugal

ポート・ワインの産地が最も有名

温暖で日照時間が豊かなポルトガルは、糖度の高いブドウがとれる。

名産は、発酵前半でブランデーを加え、甘さを残したポート（ポルト）。ほかに、微発泡性ワインのマテウス・ロゼや、中部のヴィゼブ周辺で造られるダンも世界中で広く知られている。

Data
国＆ワインデータ
- ●面積…9.2万km²　●7月の平均気温…22.5℃（リスボン／エストレマドゥーラ）　●9月の降水量…35mm（同）　●ブドウ栽培面積…24万ヘクタール（2005年）　●年間ワイン生産量…75万kℓ（同）

ポート・ワインの原料となるブドウは29種が推奨される

独自のブドウ品種がメイン
オーストリア
Austria

自然の恩恵を受けた銘醸ワインの宝庫

東部を中心にワイン産地が点在。ブドウは約7割が白で、オーストリア固有のグリューナー・フェルトリーナー種が多い。

地形、土壌ともに極めて多彩で、地中海とアルプスの影響を受けた土地や水深1m未満のステップ湖、地下の温泉脈などユニークな環境のワイン産地が多い。

Data
国＆ワインデータ
- ●面積…8.4万km²
- ●7月の平均気温…20℃（ウィーン、2006年）
- ●9月の降水量…32～79mm（同）
- ●ブドウ栽培面積…4.9万ヘクタール（2006年）
- ●年間ワイン生産量…24万kℓ（同）

KMW測定基準をもとにブドウの糖度を測る

ワインを愛する国民性
ハンガリー
Hungary

太陽王も讃えたとろける味わい

北東部のトカイは甘口白ワインの産地で、その味わいはルイ十四世が絶賛したほど。なかでもトカイ・エッセンシアは世界三大貴腐ワインのひとつ。また、上質の辛口ワインの生産が増え、注目のワイン生産国だ。

ブドウの栽培地域は、ティサ流域の西部に広がり、22の地区に分けることができる

写真提供：ハンガリー政府観光局

Data
国 & ワインデータ
- ●面積…9.3万km² ●6月の平均気温…18.7℃（デブレツェン／トカイ東北部、1961〜1990年） ●9月の降水量…38mm（同） ●ブドウ栽培面積…9.4万ヘクタール（2004年） ●年間ワイン生産量…76万5000t（同）

通好みの産地を紹介
その他ヨーロッパ
Others

EU加盟国の高い可能性

スイスワインのブドウ品種はシャスラ種が中心で、スイス国内の白ブドウのうち70％を占めている。
ギリシャは松ヤニの入ったレツィナが名物だが、近年では良質の赤ワインも産出している。マルタ島、クレタ島など隠れた名産地も数多い。

photo:swiss-image.ch

写真提供：ギリシャ政府観光局

左はスイスのブドウ畑のようすで多くのブドウ畑は斜面にある。右はギリシャのワイナリー

Data
国 & ワインデータ
- ●面積…4.1万km²（スイス）、13.2万km²（ギリシャ）
- ●ブドウ栽培面積…1.4万ヘクタール（スイス、2004年）、12万ヘクタール（ギリシャ、2003年）
- ●年間ワイン生産量…11万kℓ（スイス、同）、42万kℓ（ギリシャ、同）

恵まれた気候条件
チリ
Chile

移住者により大きく発展

温暖で日照時間が長く、湿度の低い理想的な自然条件を持つ。ワイン生産は、19世紀にヨーロッパ各国から移住してきた醸造技術者たちによって本格化した。

毎年安定した品質で、日本やアメリカへ安価で輸出することができ、ここ10年で知名度がグンと上がった。

Data
国＆ワインデータ
- ●面積…75.6万km²
- ●1月の平均気温…20.9℃（サンチャゴ、1961〜1990年）
- ●3月の降水量…3.2mm（同）
- ●ブドウ栽培面積…17.5万ヘクタール（2004年）
- ●年間ワイン生産量…78万kℓ（2004年）

フィロキセラの被害がなく、気候に恵まれている。

16世紀から生産が続く
アルゼンチン
Argentina

5指に入る大生産国

ブエノスアイレスから西へ800km離れたメンドーサがワインのメッカ。アンデスの乾燥した気候と澄んだ空気が香り高く、ミネラルに富んだワインを生む南米一の生産地だ。

ワイン醸造は400年以上の歴史があり、現在国内には2000を超えるワイナリーが存在する。

Data
国＆ワインデータ
- ●面積…279万km²
- ●1月の平均気温…23.5℃（メンドーサ、2006年）
- ●3月の降水量…33.2mm（同）
- ●ブドウ栽培面積…21.2万ヘクタール（2004年）
- ●年間ワイン生産量…155万kℓ（同）

国立ブドウ栽培醸造所INVがワインの品質を管理

ニュージーランド
New Zealand

2島にわたりワインを生産

歴史は浅いがこれからに期待

19世紀初頭にブドウ栽培を開始。ニュージーランドワイン協会が発足し、年々品質が向上している。産地は北島、南島ともあり、シャルドネ種、リースリング種やピノ・ノワール種から上質なワインを造る。1975年には

北島のノースランドがブドウ栽培発祥の地。南島はマールボロに有名なワイナリーが集中している

写真提供：ニュージーランド観光局

Data
国 & ワインデータ
- 面積…27万km²
- 1月の平均気温…18℃（ブレンハイム／マールボロ、2005年）
- 4月の降水量…45mm（同）
- ブドウ栽培面積…1.9万ヘクタール（2005年）
- 年間ワイン生産量…5.1万kℓ（同）

南アフリカ
South Africa

近代化がめざましい

政治体制変化で世界に進出

1990年代後半の政治体制の変動をきっかけに、輸出量が増加。最新の技術を取り入れた、近代的なワイナリーも多く、壮大な景観と自然のなかでクリーンで味わい深いワインを産み出す。おもな産地はケープタウンに近いステレンボッシュとパールだ。

1659年にワイン造りが始まり、1761年にはヨーロッパ各国へと輸出が開始された。南アフリカは雄大な自然も魅力

Data
国 & ワインデータ
- 面積…122万km²
- 1月の平均気温…21℃（ニートフォアベイ／ステレンボッシュ、2004年）
- 3月の降水量…20mm（同）
- ブドウ栽培面積…10万ヘクタール（2005年）
- 年間ワイン生産量…59万kℓ（同）

第5章

ワイン学

Lesson1

ワインができる場所

ワインの銘醸地とは、すなわち良質なワイン用ブドウが育つ地である。温暖で夏に雨が少ない——ブドウの栽培に適した気候のヨーロッパで、ワインが生まれ、発達したのは偶然ではなかったのだ。

ブドウの聖地はヨーロッパ　気温条件が最重要

世界のブドウの約70％はヨーロッパ産で、そのほとんどがワイン用。ブドウはほかの植物に比べて場所を選ばずに育つ作物だが、質の高さが求められるワイン用ブドウの産地は、北半球と南半球のそれぞれ年平均気温10〜20℃の等温線に挟まれたエリアに集中している。ワイン用ブドウにとって一番大切なのは、まずは気温である。

太陽の光をしっかり浴びて水はけのよい土壌もポイント

ブドウがしっかり育つには、十分な日照が必要。一年を通じての日照時間が長いことはもちろん、高緯度地域では斜め上から差す日光を最大限に浴びるには、畑が傾斜しているほうが有利である。また、降雨量は少ないほど充実したブドウになるので乾燥した気候が向く。土壌は水はけのよい痩せた土地がいい。地中深く根を張り土中のミネラル養分を吸収するが、気温や日照量の影響が最大の要因となる。

ワインはブドウの質がそのまま製品の質になる酒。同じ畑でとれたブドウでも微妙な個体差があり、高級酒を醸すワイナリーではそのわずかな差も考慮して醸造を行っている。

ワイン銘醸地の位置と気候

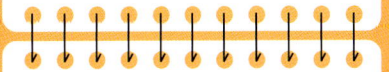

世界のワイン産地

■ おもなワイン生産地

等温線
10℃
20℃
赤道
20℃
10℃

ほぼすべての大陸で栽培されている。適地は、北緯・南緯各30°から50°の間である

ボルドーの気象データ

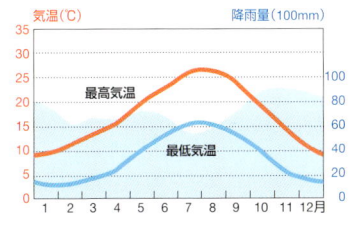

気温(℃) 　　降雨量(100mm)
最高気温
最低気温

緯度・標高…北緯44.5°・60m
同じ緯度でも標高によって気温は違ってくる。標高が高いほど一日の寒暖差が大きい

7月の平均気温…20.3℃
一番暑い月の平均気温（南半球は1月）。ブドウ生育期間中の気温の基準となる

年間降雨量…850mm
毎月の平均降雨量の合計。ワイン用ブドウに適した量は500〜900mmとされている

収穫月の降雨量…70mm
北半球は9月、南半球なら3月となる。収穫月の多雨はブドウが腐る原因にもなる

ワイン生産地に必要な4つの条件

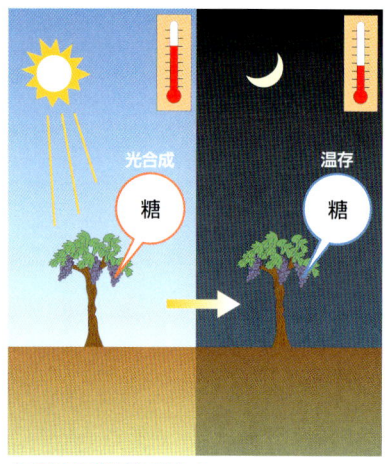

②気温の寒暖差が大きい
暖かい日中に光合成で生産された糖分は、夜が寒ければ消費されず蓄えられ、濃厚なブドウに。気温が違えば生成物質も違い、香味に複雑さが出る

①水はけがよい・雨が少ない
水分を溜め込まない、砂礫状の土壌であること。表土近くに水分が十分にあると、ブドウが水分を吸収し、地中深くまで根が伸びないことになる

④土地が痩せている
養分が豊富な畑では、樹木としてのブドウはよく育つが、実を使うワイン用ブドウには不適。土中深い範囲から微量成分を吸収することが大切だ

③十分な日照時間がある
光合成によって色づきや糖度を高める。生育期間中に1250〜1500時間の日照が必要とされ、開花期、果実の着色期、成熟期の日照はとくに重要

Lesson 1 ワインができる場所

テロワールって何？

気温、土壌、日照時間、風の流れなど、その畑が持つ土地のさまざまな自然条件をまとめて表すフランス語。年による気象の違いはもちろん、地面の角度や太陽光の入射角など微細な影響も含まれる

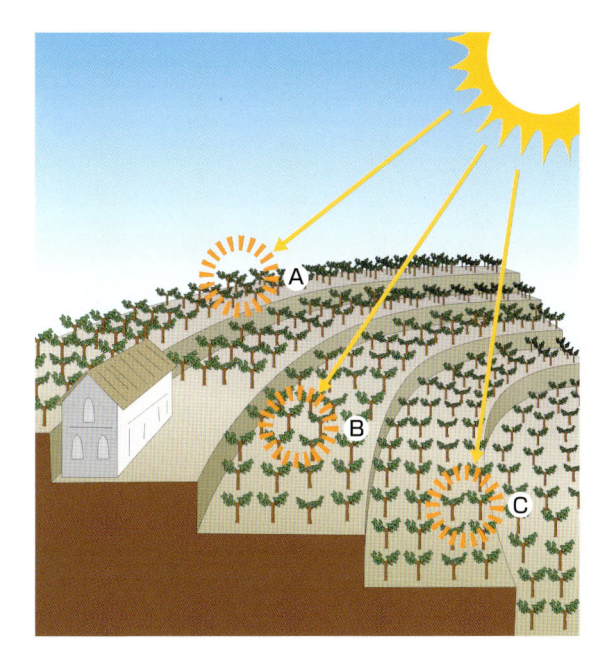

ポルトガル北部・ドウロ河地域のブドウ畑を例にとったイメージ図。植えられた位置がほんの少し違うだけで（Ⓐ,Ⓑ,Ⓒ）、日照量が微妙に変化し、実るブドウの品質に違いが出てくる

Column 1

ワイン用ブドウの栽培には斜面になった畑がベスト

フランス・ブルゴーニュ地方のコート・ドールは、黄金の斜面という意味で、ブドウ畑の理想形とされる。赤道直下以外は日光が斜めから差すため、畑の角度が太陽に平行になるようにして、日照量を確保している。

太陽の光をたっぷり浴びる斜面畑。斜面は北半球なら南、南半球は北を向く

Lesson 2
ワインの造り方

白ワインと赤ワインってどう違う？ ロゼワインはどうやって造る？ スパークリングワインとシャンパンは同じもの？ 気になる疑問を解消しながら、ワイン醸造の基本を押さえる。

赤い色と渋みは果皮と種から
熟成を経てボトリング

白ワインは白ブドウから、赤ワインは黒ブドウから造るのが基本。赤い色は果皮に集中し、果肉は白いので、黒ブドウでも果汁だけを使えば白になる。

収穫されたブドウは、傷んだり鮮度が落ちたりしないよう、丁寧かつすばやくワイナリーに運ばれる。質の落ちた実は選果という作業で選り分け（亜硫酸）を添加する。

に果皮を破ると同時に、酸化防止剤る。果梗を取り除き、果汁を出すため詰めして出荷される。

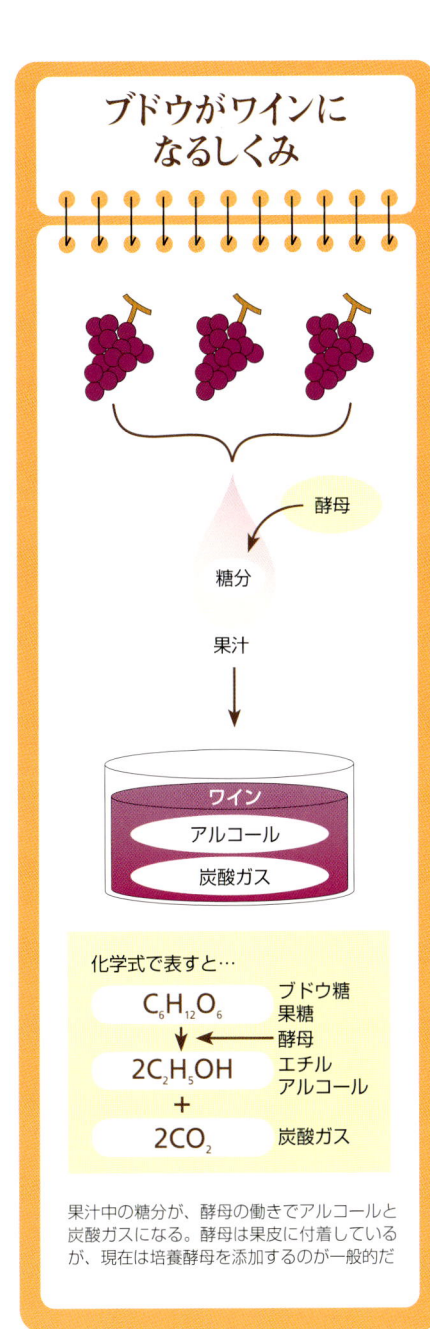

ワインの造り方を簡単に説明すると、白ワインは果汁だけを搾り事前に皮や種と果汁を分離。赤ワインは発酵後に果皮や種を除く。発酵後は樽やタンクで寝かせて風味を落ち着かせ、瓶

スパークリングワインは
炭酸ガス入りワインの総称

また、炭酸ガスを含んだワインをスパークリングワインと呼ぶ。製法によって国ごとの呼び名が変わり、瓶内で再度発酵させるシャンパーニュ方式のものはシャンパーニュ（フランス・シャンパーニュ）、ヴァン・ムスー（フランス）、フラシェンゲーリング（ドイツ）、メトード・クラシコ（イタリア）、カバ（スペイン）などと呼ばれる。

ブドウがワインになるしくみ

酵母
糖分
果汁

↓

ワイン
アルコール
炭酸ガス

化学式で表すと…

$C_6H_{12}O_6$ ブドウ糖 果糖
↓ ← 酵母
$2C_2H_5OH$ エチルアルコール
$+$
$2CO_2$ 炭酸ガス

果汁中の糖分が、酵母の働きでアルコールと炭酸ガスになる。酵母は果皮に付着しているが、現在は培養酵母を添加するのが一般的だ

白ワイン・赤ワインの造り方

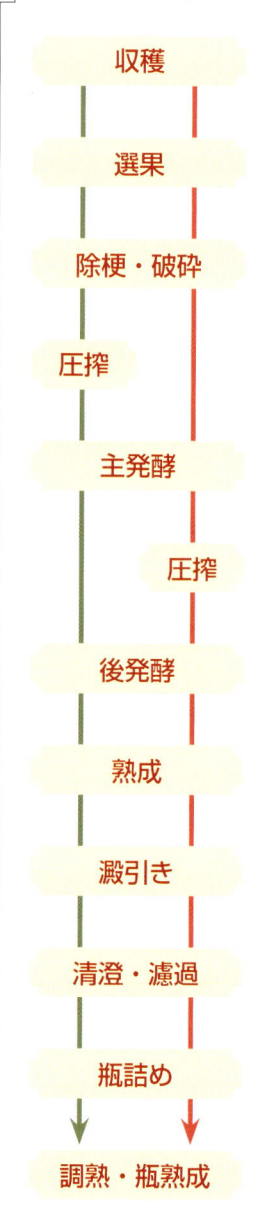

収穫	実を傷つけないよう丁寧に収穫し、なるべく低温で速やかに醸造所に運ばれる
選果	収穫されたブドウの実を、コンベアなどの台上で、状態のよくない部分を手作業で取り除く
除梗・破砕	果梗を除去し、果皮を軽く破って果汁を出す。両方を同時に行える機械が普及している
圧搾	果皮に含まれる果汁を搾る工程。白ワインは発酵の前に圧搾をして果汁のみを発酵させる
主発酵	発酵中は熱が発生する。高温になると発酵が進み繊細さを失うため、温度管理は非常に重要
圧搾	赤ワインは果梗または果皮ごと発酵させるので、発酵の後に圧搾をしてワインを得る
後発酵	リンゴ酸が乳酸菌によって乳酸に変わる。マロ・ラクティック発酵（MLF）とも呼ばれる
熟成	とくにフレッシュさを個性としないワインは、1～2年ほどタンクか樽熟成させるのが一般的
澱引き	熟成中は、酵母や果肉片などが底に沈殿するので、上澄みを移し出す作業を数回行う
清澄・濾過	天然の清澄剤を加えて澱と結合させ、濾過によってほかの微生物などとともに除去する
瓶詰め	瓶詰めからコルク栓の打ち込み、ラベル貼りまで自動的に機械で行われるのが現在は一般的
調熟・瓶熟成	すべてのワインに当てはまるわけではない。さらに瓶内熟成することで香味を向上させる

安価なテーブルワインなどの場合は、選果をしないこともある

黒ブドウを発酵させ、やがて色鮮やかな赤ワインとなる

瓶詰めをしたあとの熟成は、ワイン造りを締めくくる作業だ（写真はシャンパンの瓶架台）

Lesson2 ワインの造り方

ロゼワインの造り方

白ワインと赤ワインの中間といった色合いの、美しいピンク色をおびるロゼワイン。原料のブドウの使い方などによって製法にはいくつかの種類がある。また、フランスのシャンパーニュ地方には特別に許可された造り方もある。

① 直接圧搾法

黒ブドウを圧搾してから発酵させる方法。圧搾するときに果皮や種から果汁に色が移るから、ちょうど薄い赤になる。原料が黒ブドウになること以外、醸造工程は白ワインと同様である。

② セニエ法

黒ブドウを原料に、発酵させる工程までは赤ワインと同じ。発酵の初期段階の果汁が薄く色付いた時点で果汁を引き抜き、そこから低温発酵させる。ロゼワインの代表的な製法。

③ 混醸法

黒ブドウと白ブドウを区別せずに使って仕込む。造り方は白ワインの醸造法となる。昔のボルドーワインの別名「クラレット」(ボルドーを領有したイギリスでの愛称) は混醸されていた。

例外 シャンパーニュにだけ許される製法

スパークリングワインの多くは白かロゼである。シャンパーニュに限り、白ワインと赤ワインを混ぜてロゼを造ることが認められている

白 + 赤 → 混ぜる! → ロゼ

Column 2

スパークリングワインとシャンパンは同じ？

日本でシャンパンと呼ばれるシャンパーニュは、フランス・シャンパーニュ地方のスパークリングワイン。なおかつ、瓶内二次発酵方式で造られ、熟成したものだけがシャンパーニュと名乗ることができる。

シャンパーニュ地方でのワイン造り。伝統的な製法を守り続けている

Lesson 3

醸造テク

ブドウの果汁が発酵すると、糖がアルコールに変わってワインになる。さまざまな酒のなかでもワインの製法はシンプルな部類に入るが、上質なワインを造るためには、いろいろな醸造テクニックが駆使されている。

醸造原理はシンプルでも多種多様なテクが必要

古代と現代のワインを比べると、その品質は大きく違うと推測される。でも、発酵して酒になるという基本は同じでも、試行錯誤による工夫と科学技術の進歩が、上質なワインを造るためのテクニックを数多く生んだ。

もちろん、「これが完璧なワインの製法だ！」とひとつに決められるものはない。色、香り、味わい、感触をよくするなどさまざまな要素が組み合わさる。醸造テクニックの発達も、色合いを濃くしたり、香りを豊かにしたりと、その内容は多岐にわたっている。

ブドウの品質が最重要 栽培テクニックも発達

ワインにとって一番大切な要素は、原料となるブドウの質。科学技術の発展は、収穫したブドウをいかに上質なワインにするかという点だけでなく、ブドウ栽培においても重要な発見を多くもたらした。ワイン用ブドウの品質は、食用野菜などとは比べられないほど重視される。土壌の調査や気象状態の監視、日照量を解析しての剪定方法など、より優秀なブドウを実らせるための研究と実践が日々行われているのである。

ワインはシンプルなお酒

ブドウ　米　麦

精米・蒸す・麹　麦芽・乾燥・液化

糖化 ← ホップ

発酵

ワイン　日本酒　ビール

蒸留

ブランデー　(米)焼酎　ウイスキー

日本で一般的によく飲まれているさまざまなアルコールのなかで、原理的には1段階で酒になるワインはもっともシンプルだといえる

おいしいワインのための特殊なテクニック

色

セニエ
赤ワインの発酵途中で一定量の果汁を抜く。果皮と果汁の比率が変わり、残った果汁に果皮の成分が溶け込み、色の濃いワインを造ることができる

………▷ 色を濃くする

ミクロ・ビュラージュ
樽で熟成している赤ワインに酸素の泡を注入し、濃い色で安定させるとともに芳香成分も安定させる。1990年に開発された新しい技術である

………▷ 色を濃くして安定させる

香り

マセラシオン・ペリキュレール
白ワインを造るとき、果皮と果肉の間にある香り成分を抽出する方法。果皮を除かずに低温で数時間から1日ほど漬けてから圧搾する

………▷ 香りとコクを豊かにする

味わい

デブルバージュ
発酵の前に行う澱下げ。亜硫酸を添加して発酵と酸化を抑え、果汁中の澱を沈殿させて上澄みだけを使う。軽くソフトなワインになる

………▷ 軽くソフトな味わいにする

シュール・リー
通常は"邪魔者"扱いされる澱に、あえてワインを触れさせておくことでうまみ成分を増す方法。フランス・ロワール地方のミュスカデが代表的

………▷ うまみを付与する

マセラシオン・カルボニック
炭酸ガスを利用して細胞内発酵を起こす醸造法で、ボージョレ・ヌーボーはこれで造られる。フレッシュで渋みの少ない新酒ができる

………▷ 渋みを少なくし、フレッシュさを出す

いろいろなテクニックが駆使されるが、ブドウを丁寧に育て、世話をすることからすべてが始まる

完成したワインをボトルに詰める作業は、ほぼオートメーション化が浸透したといっていい

Lesson3 醸造テク

キャノピー・マネジメントとは？

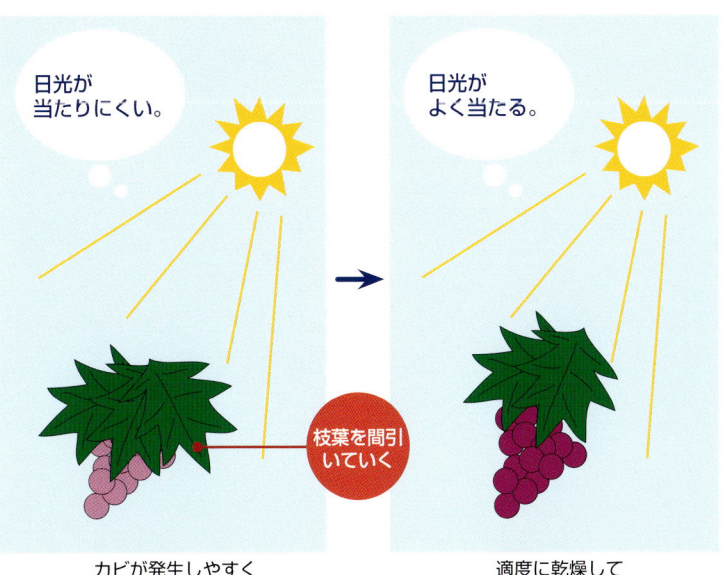

日光が当たりにくい。

日光がよく当たる。

枝葉を間引いていく

カビが発生しやすく着色も進まない。

適度に乾燥して適度に育つ。

キャノピーは葉のこと。ブドウの葉を天幕に見立て、ブドウ果への日照をコントロールすることをいう。具体的には、日光がブドウの実にきちんと当たるように、邪魔になる葉を取り除く作業を指す。光合成の効率とブドウ1房当たりの葉の枚数を計算して間引く。研究が進んだ現在では、1房に何枚の葉が必要かまで明らかになっているのである。

Column 3

醸造家とブドウ農家 ワイナリーのふたつの顔

日本酒の酒蔵は、原料米を別の農家から仕入れるのが普通。ワインはブドウのできる場所の直近で醸造される。ワイナリーは醸造家とブドウ農家というふたつの仕事を同時にこなして初めて成り立つのだ。

近代的な設備と牧歌的な風景が違和感なく同居する、現代の典型的なワイナリー

Lesson 4

熟成

パスタはできたてを味わうのが最高の食べ方だが、ワインには当てはまらない。しばらく寝かせることで、発酵直後の荒々しい香味を落ち着かせていくのだ。この熟成という工程は、意外にも偶然から生まれたといわれている。

樽やタンクで寝かせて風味をまとめる総仕上げ

造りたてのワインは、そのままでは風味が荒く、快適なものではない。まろやかな味わいにするしつけと仕上げの作業が、調熱や熟成である。

熟成期間はそのワインのタイプや求める品質によってまちまちだが、平均的にはおよそ1～2年ほど。ほとんどの高級ワインはオーク樽で熟成され、それ以外はタンク熟成である。瓶に詰めた後、さらに保管庫に置いて瓶の中で熟成を続ける場合もある。

ワイン樽の元祖はローマ人？ 熟成中は徹底管理が大切

木樽は紀元前にヨーロッパ中西部でゴール人が作ったのが最初ではないかといわれ、彼らがイカダの浮きに使っていたのを、ローマ人がワイン貯蔵用に転用したようだ。

熟成は、ただ放置するわけではない。液体内ではさまざまな変化が起こるので、貯蔵庫の温度を低く保ち、少しずつ蒸発して減る欠減分を補填するといった微生物や酸化の影響を抑える管理が必要である。また、樽材の種類と産地によって熟成中の作用が微妙に違うので、ヨーロッパ産やアメリカ産などが使い分けられている。

熟成効果は偶然の産物

保管
「全部は飲み切れないなぁ」

忘念
「こっそり隠しておこう」

↓

思い出したころ おいしくなってる！
（反対に酢になることもあるよ）

古代の人々が、飲みきれないワインを残したり、または他人に奪われないよう隠したりしたことで、熟成の効果が偶然発見された

いろいろな熟成方法

樽熟成

木を通した自然な効果をプラス

わずかな隙間から空気や水分などが出入りし、酒質の安定と同時に深い味わいを生む。樽から溶け出すタンニンや樽香も加味される

タンク熟成

基本的に密閉だが少し空気に触れる

フレッシュな白ワインや大量生産ワインはタンク熟成する。完全に密閉できるが、澱を除く作業のときに微量の酸素が吸収される

瓶熟成

コルクで栓をするとほぼ密閉される

瓶詰め後の熟成では、空気に触れることがほとんどない。コルク栓は空気を絶つが、水やアルコールは微量に抜け出ていき欠減する

Lesson4 熟成

熟成によって起こる変化

酸化的変化

ワインに含まれているアルコールが酸化するとアルデヒドや酸になり、残っているアルコールと酸が結合してエステルという香味成分が生まれる。

非酸化的変化

酸素を吸収しない変化で、外の空気とほぼ完全に遮断された瓶熟成がこれにあたる。上質なワインはいっそうまろやかな香りと味わいになる。

物理的変化

木樽やコルク栓から、ゆるやかに水分やアルコールが蒸散し、凝縮と同時にさまざまな成分の分子同士が重合するなどの変化が起こる。

化学的変化

ワインの成分が複雑に絡み合ってさまざまな化学反応を起こし、新たな成分などが生まれる結果、人が口にして快く感じる香りや味わいになる。

木樽の中で時を過ごすことによってワインの味わいは複雑に変化する。その神秘さがワイン一番の魅力といっても過言ではない

Column 4

熟成できる期間は酒の持つ力に比例

長い間寝かせておくと、ワインによっては熟成の変化に耐えられず劣化する。たとえばボージョレなら2年程度、ボルドーなら10年から15年はよい変化をみせる。適した熟成期間はワインの性質によるのである。

1800年代のワインもかろうじて残る。ただし、古い=味がよいわけではない

Lesson 5

ワインの色

美しい色のワインは、見ただけで心地よい気分にさせてくれるものだ。色の濃いワインと淡い色合いのワインの風味は明らかに違ってくる。ワインのさまざまなキャラクターを、その色は伝えてくれるのである。

いい色のワインには おいしいと思わせる力が

味だけでなく色や香りもワインの大事な要素であり、各ワイナリーが理想的な色や香りを目指して工夫を重ねている。代表的な3つのワイン、白・赤・ロゼがちょうど色で区別しやすいことも象徴的だ。

ワインを飲むとき、まずグラスに注がれたワインの色が目に入る。人間が得る情報の大半は目から来る。レストランの料理が盛り付けにこだわるように、ワインの見た目も味の印象に大きく影響する。

濃い赤は太陽を浴びた証拠 美しい色が楽しさをもたらす

濃い色のワインは濃厚な香りと味を想像させる。赤ワイン用の黒ブドウは、生育期間中にしっかり太陽を浴びて十分な糖分を蓄えると同時に、赤黒い色素も渋みも強まる。

また、ブランデーやウイスキー、本格焼酎などにも当てはまるが、深い色合いのワインからは熟成感が伝わってくる。人を楽しい気分にさせるのは酒の大きな効用のひとつだが、きれいな光源の下でキラキラ輝くグラスに注がれたワインは美しく、飲まずして楽しげな雰囲気を醸し出してくれる。

色が違えば 味が違う？

「紫がかっているな」
「この色は若いワインだ」

「フルーティだね」

・・・・・・・・・・・・・・・・・・・・・

「濃い色ね」
「これは渋いワインの色」

「濃厚な味だわ」

紫がかった赤ワインは酸味が強く若い場合が多いため、飲み手の経験によって想像し、余計に酸味が強いと判断しがち。視覚の影響は大きい

赤ワインの色を見る

淡い　　　　　　　　　　　　　　　　　　　　　　　　濃い

- ●渋みが少ない
- ●味が薄い
- ●（青みがかると）フレッシュ

赤ワインの色が濃いか淡いかは、そのまま黒ブドウが浴びた太陽エネルギーの量や紫外線量に比例している

- ●渋みが多い
- ●味が濃い
- ●（褐色を帯びると）熟成している

白ワインの色を見る

淡い　　　　　　　　　　　　　　　　　　　　　　　　濃い

- ●酸味が強い
- ●辛口である
- ●フレッシュである

若い白ワインは、ワインの中に果皮・果肉の葉緑素が残っているため、淡く緑っぽい色を帯びている

- ●酸味が少ない
- ●甘口である
- ●熟成している

Lesson5 ワインの色

ロゼワインの色を見る

淡い　　　　　　　　　　　　　　　　　　　　　　　　　　　　濃い

- ●渋みがほのか
- ●(鮮やかなら)フレッシュ
- ●酸味が強い

白や赤と違い、ロゼワインにかぎってはフレッシュさが重要。熟成すると色合いもブラウンがかってくる

- ●渋みを感じる
- ●(オレンジがかると)熟成している
- ●酸味が弱い

ワインの色は、濃淡以外にたとえば同じ白ワインでも、黄色がかって見事な美しさをおびたものもある

Column 5

グラス内の位置で色の見え方が変わる

液体の色合いは、照明の質や強さ、量により違って見える。グラスに注がれたワインも、どの部分をどの角度で見るかによって色調や濃さが変わる。複数のワインの色を見比べるときは、この点にも注意が必要だ。

グラスの台座部分を親指と残りの指で挟むようにすると、角度を変えやすい

Lesson6

ヴィンテージ

ボトルのラベルに書かれた年号は、そのワインが生まれた年を示している。これはつまり、そのワインに使われたブドウが収穫された年のことでもある。年ごとに違うブドウのできばえが、そのままワインの評価につながっていく。

ヴィンテージの語源は vin＝ワインの age＝年

ヴィンテージと聞いて、ワイン以外のものを思い浮かべる人も多いだろう。車や楽器など、生産・製造年がわかっていて、ある程度古く、高い価値を持つ物といった意味に受け取られるのだ。アルファベットで書くとvintage。つまりブドウ・ワインの収穫・生産年という意味になる。北半球ではワインは開花と収穫が同年度中に収まり、すぐに醸造するのが一般的だからだ。

とくに優れた年のワインをヴィンテージワインと呼ぶ

普通、農作物にとって大事なのは"豊作"か"凶作"かである。しかし、ワイン用ブドウは量だけでなく、実った ブドウの質も同じく重要だ。ワインの出来、不出来はブドウの微妙な質に大きく比例する。どんなに有名なワイナリーでも、品質の劣るブドウから優れたワインを造ることはできない。

そこで、数年に一度の上質なブドウが取れた年のワインは当然ながら貴重、高価になる。「1990年のボルドーの赤はすばらしかった」などと、時が経つほどに希少性も高まる。ヴィンテージワインとは、そのようなとくに高い価値を持つワインを指す。

同じ産地でも年によって質が違う

ひと口に"ボルドー"といっても……

19○△年
日照多い雨少ない
→ 見事な出来

高品質のブドウ　長期熟成に向く

19△×年
曇天 冷涼な夏
→ イマイチ…

軽品質のブドウ　比較的早飲みに向く

世界的に有名なワイン銘醸地でも、毎年上質なワインを醸せるわけではない。また、全体の生産量も年によって違いが出てくる。

世界のおもなワイン産地のヴィンテージチャート例（参考）

フランス							スペイン
ブルゴーニュ		ローヌ		アルザス	シャンパーニュ		リオハ
コート・ドール 白	シャブリ	北部	南部				
6.5	6.5	6	7	6.5	7.5		6.5
7.5	7.5	5	5	7.5	8		6.5
8	7	7.5	8	7	2		8
7.5	8	7	8	9	8		7.5
6	6.5	8	7.5	7	7		6.5
6	7.5	7	8	8	6		7.5
6.5	8	8	6.5	8	8		6
8	7.5	6	5	9	9		8
8	7.5	7	7	7.5	8		9
6	5.5	6.5	6	7.5	3		9
5.5	6.5	4.5	6.5	7	5.5		4.5
6.5	5	5	4.5	6	6		7

（『ポケット・ワイン・ブック 第6版』を参考に作成、10が最高点）

Culumu 6

世界で一番高いヴィンテージワインは？

20世紀のもっとも高価なヴィンテージワインは、1929年のロマネ・コンティと1945年のムートンであろう。現在取引されるとしたらいずれも1本100万円は下らないが、果たして世界に何本が残っているか。

ROMANÉE-CONTI　Mouton
TOPS OF THE WORLD

ロマネ・コンティとムートンは、世界で最も貴重な2大レアワインである

Lesson6 ヴィンテージ

	フランス					
	ボルドー(赤)		ボルドー(白)		ブルゴーニュ	
	メドック／グラーヴ	ポムロール／サンテミリオン	ソーテルヌ&sw	グラーヴ&dry	コート・ドール 赤	
2003	7	6.5	7.5	6.5	7	
2002	7	6.5	7.5	7.5	7.5	
2001	7	7.5	9	8	7	
2000	9	8	7	7	7.5	
1999	6	6.5	7.5	8.5	8.5	
1998	6.5	7.5	6.5	7	6.5	
1997	6	5.5	8	5.5	6.5	
1996	7	6	8	8.5	7	
1995	8	7.5	7	7	8	
1994	6.5	6.5	5	6.5	6.5	
1993	5	6	3.5	6	7	
1992	4	4	4	6	4.5	

	ドイツ		イタリア		オーストラリア	
	ライン河流域	モーゼル	ピエモンテ(赤)	トスカーナ(赤)	シラー	シャルドネ
2003	7.5	7.5	7	7	6	6
2002	7.5	7.5	5.5	6	6.5	6.5
2001	8	9	8.5	6.5	7	6
2000	6.5	6.5	7.5	6.5	7	8
1999	8.5	8.5	9	9	8	6
1998	7.5	7.5	7.5	6.5	8	8
1997	8	8.5	7.5	8	7	9
1996	8	7	9	6	9	5.5
1995	8.5	9	7	7	9	4
1994	6	8	4.5	4.5	7	8
1993	6.5	7.5	7	7	6	6
1992	7	7	3	3	7	7

Lesson 7

ラベルの見方

ワインボトルの正面に貼られたラベルは、いわばそのワインの顔であり氏素性を表す。世界各地のワイナリーがその伝統や情熱、そして自信を伝える美しいラベルには、そのワインに関するいろいろなインフォメーションが盛り込まれているのだ。

1967
Château Lecler

GRAND CRU CLASSÉ

GRAND VIN DE BORDEAUX

MARGAUX

APPELLATION MARGAUX CONTROLÉE

S.A. de Château Lecler
propriétaire M. Doront à Arsac FRANCE
mis en bouteille au château

PRODUCE OF FRANCE

75cl

古代人のアイデアが
ラベルへと発展した

ラベルの起源は古代のワイン容器。古代では、アンフォラと呼ばれる先の尖った土器にワインを詰め、特殊な彫刻を施した棒を転がして文様を付けた粘土で口にフタをしていた。なかのワインを飲むにはフタを割らなければならず、こっそり飲んでフタを偽造しようとしても、完全に一致する文様を付けることはできない。これが今日のシール（封印）やラベルへとつながる。

ガラス瓶で世界へ流通
証明書としてラベルが重要に

やがてアンフォラは樽になり、産業革命期のイギリスでガラス瓶の大量生産が始まり、世界への流通が促進され、ワインは重要な輸出品となった。

しかし、著名な産地のワインに高値が付くこと、さらに19世紀末のフィロキセラの被害が加わり、悪徳業者による品質の悪いワインが銘醸地の名をかたって出回るという混乱におちいった。そこで、1935年にフランスがAOC（原産地統制呼称法）を施行し、生産地や生産者の保護と同時に、生産年などのラベル表記を義務化。やがて、世界に流通するワインはラベルを見れば氏素性がわかるようになった。

容器のフタが
ラベルになった

彫りものを施した棒をピッチ（粘土・油・顔料）の上で押し転がす

― 複雑な文様のフタ

- 所有者と製造期日がわかる
- 盗飲防止　・シールの原型
- 毒の混入を防ぐ

ガラスボトルと
コルク栓の登場
＋
封ロウ印
キャップシール

1998

ラベルシールの誕生

フタにする粘土の上で、文様を彫った直径数センチの棒を転がした。ボトルの腹やコルク栓がラベル代わりになることもあった

ラベル表記のさまざまな形式

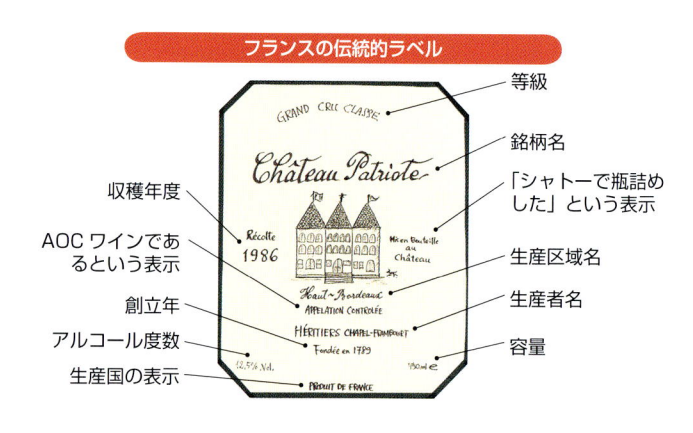

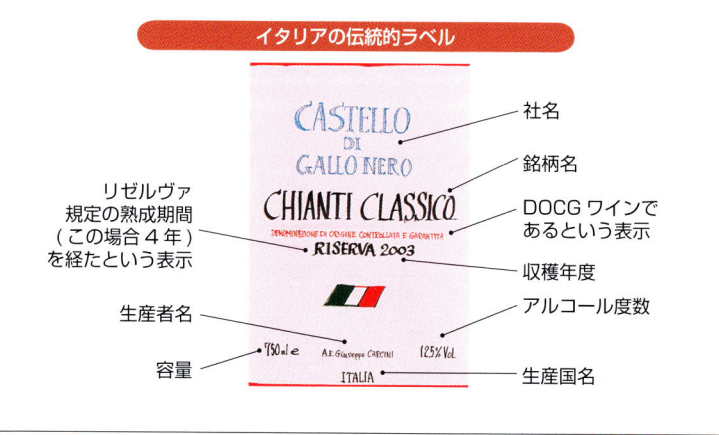

フランスの伝統的ラベル

- 等級
- 銘柄名
- 「シャトーで瓶詰めした」という表示
- 収穫年度
- 生産区域名
- AOCワインであるという表示
- 生産者名
- 創立年
- 容量
- アルコール度数
- 生産国の表示

ラベル表記:
- GRAND CRU CLASSÉ
- Château Patriote
- Récolte 1986
- Mis en Bouteille au Château
- Haut-Bordeaux
- APPELATION CONTRÔLÉE
- HÉRITIERS CHARL-POMBRUET
- Fondée en 1789
- 12.5% Vol
- 750ml e
- PRODUIT DE FRANCE

シャンパーニュの典型的ラベル

- ※年号は入らない
- シャンパーニュAOCを略している
- 銘柄名
- 「白(ブドウ)の白(シャンパン)」という意味
- 「生(き)のまま」という意味
- 生産地・国名
- アルコール度数
- 容量
- 生産国の表示

ラベル表記:
- Champagne
- Dellinger
- Blanc de Blancs BRUT
- à Reims - France
- 750ml e
- PRODUIT DE FRANCE
- 12.5% Vol

イタリアの伝統的ラベル

- 社名
- 銘柄名
- リゼルヴァ規定の熟成期間(この場合4年)を経たという表示
- DOCGワインであるという表示
- 収穫年度
- 生産者名
- アルコール度数
- 容量
- 生産国名

ラベル表記:
- CASTELLO DI GALLO NERO
- CHIANTI CLASSICO
- DENOMINAZIONE DI ORIGINE CONTROLLATA E GARANTITA
- RISERVA 2003
- 750ml e
- A.F. Giuseppe CHECINI
- 12.5% Vol
- ITALIA

Lesson 7 ラベルの見方

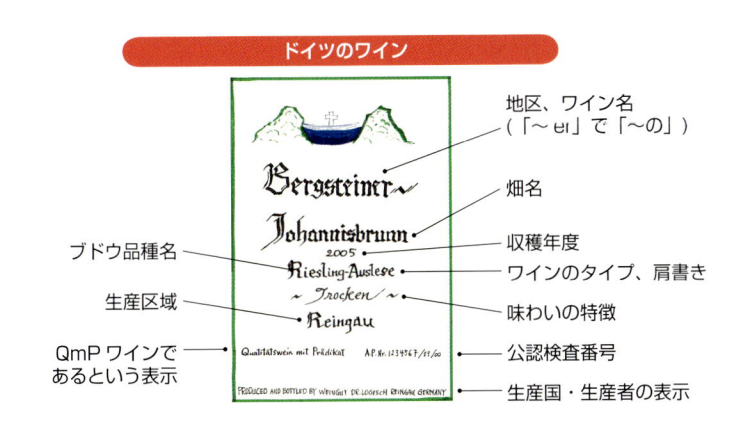

ドイツのワイン

- 地区、ワイン名（「〜er」で「〜の」）
- 畑名
- 収穫年度
- ワインのタイプ、肩書き
- 味わいの特徴
- 公認検査番号
- 生産国・生産者の表示
- ブドウ品種名
- 生産区域
- QmPワインであるという表示

新大陸（チリ、アメリカ、オーストラリアなど）

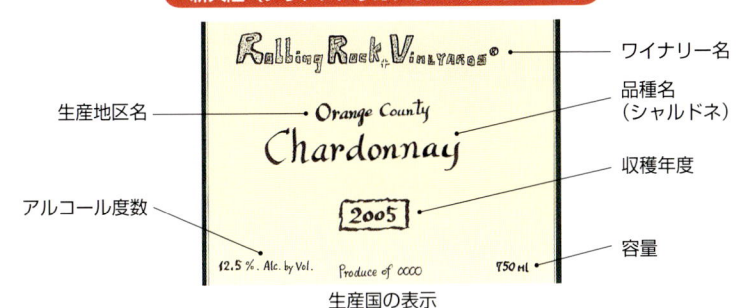

- ワイナリー名
- 品種名（シャルドネ）
- 収穫年度
- 容量
- 生産地区名
- アルコール度数
- 生産国の表示

（ラベル、ワイン名は架空のものです。木村克己製作）

Column 7

高級ワインを飲んだらラベルを取っておこう

レストランで高級ボトルワインを注文したら、記念にラベルを持ち帰ると思い出になる。ソムリエにいえばキレイにはがして渡してくれる。家でボトルからラベルをはがすときは、市販のシールはがし液を使うと便利。

ラベルの上から専用液を塗り、染み込ませてからゆっくりラベルをはがしていく

Lesson 8

テイスティング

日本には、世界のあらゆる銘醸地から、あらゆるタイプのワインが届き続けている。「おいしい」「おいしくない」だけで飲んでしまうのは、ちょっともったいない。醸造家のこだわりが詰まったさまざまなワインを、もっと深く味わってみよう。

色合い、香り、味……五感をフル稼働して

テイスティングとは英語で味見のこと。厳密にいえば、飲み物・食べ物の味見はすべてテイスティングだ。食べ物は見た目や香り、感触なども"味"の一部。ワインも同じで、目、鼻、口をフル稼働させて総合的な味を判断することが楽しみを倍増させる。

そのワインが入っていたボトルやラベルのデザイン、グラスに注ぐときの音、グラスの感触なども味の印象に影響する。

客観的に評価するには、なるべく多くのワインを同じ条件下でテイスティングする必要がある。同じワインでも、たとえばアウトドアで飲むのと、天井にシャンデリアが輝く高級レストランで飲むのとでは、ずいぶん違う味に感じるものだ。

きちんと体調を整えてリラックス状態で臨みたい

普段、我々は意識せずに五感を使って生活しているが、ワインに五感の知覚神経を集中させるのは訓練と心構えが必要である。より正確なテイスティングのために、心身ともにグッドコンディションを保つこと。ニンニクや葉巻きなど、刺激の強い味も遠ざけよう。

テイスティングでのワインを注ぐ量と変化

- グラスの 2/5 まで注ぐ
  直後の様子を見る

- 1/5 だけ飲み、1/5 は残す
  香りと味を覚えておく

- 15分後
  香り、味の変化をみる

ワインは空気と接触することでどんどん変化する酒。15分後に全部飲み切らずに、もっと時間をおいて変化をみるのも面白い

テイスティングのしかた

②香りをかぐ
グラスを鼻に近づけ、1回、2回と分けてかぐ。立ち上る香りの要素を静かに分析する

③味わう
まず舌で味わってから、口中全体へ広げる。口に入れておくのは10〜15秒にとどめる

①色を見る
なるべく白っぽい背景の場所で行う。色調だけでなく、透明感や液体としての粘性も見る

Column 8

よく見かけるあの動きの意味は？

グラス中でワインをぐるぐる回すのは、酸素を引き込んで香りを引き出すためだが、その香りまでかぎわけるのはプロの領域。口をすぼめてズズーッと空気を含むのは、口中に香りを満たすためのプロの行為である。

本当の意味を知らずにやると、とんでもなく恥ずかしいふるまいになってしまう

Lesson8 テイスティング

テイスティングシート

No. ____　　　年　月　日（　）　：　～　：　　明るさ

銘柄名 ____　　　　　　　　　　白・赤・ロゼ・スパークリング・その他

国 ____　　地域 ____　　生産者 ____　　生産年 ____

価格 ____　　店名 ____　　同席者 ____

外観			
①	色が淡い	├─┼─┼─┼─┤	色が濃い
②	透明感がある	├─┼─┼─┼─┤	透明感がない
③	粘性が低い	├─┼─┼─┼─┤	粘性が高い

香り			
④	弱い	├─┼─┼─┼─┤	強い
⑤	シンプル	├─┼─┼─┼─┤	複雑
⑥	若い	├─┼─┼─┼─┤	熟している

味わい			
⑦	軽い	├─┼─┼─┼─┤	重い
⑧	淡い	├─┼─┼─┼─┤	濃い
⑨	酸っぱい	├─┼─┼─┼─┤	甘い
⑩	若い	├─┼─┼─┼─┤	熟している

余韻			
⑪	短い	├─┼─┼─┼─┤	長い

感触			
⑫	サラサラしている	├─┼─┼─┼─┤	とろみがある

MEMO

総合評価

Lesson 9

グラス

高品質で繊細なワイングラスは、眺めているだけで優雅な気分になるもの。そして、どんなグラスで飲むかによって、ワインは想像以上にその風味を変える。美しいワイングラスの持つ機能と特性を紹介していこう。

デザインは多種多彩 国際基準グラスもある

一般的なワイングラスは、ベース(底の平らな部分)、ステム(細い脚の部分)、ボウル(ワインを注ぐ丸い部分)から成る。次項の写真の通り平皿形や朝顔形など大きく8種類に分けられるが、2つの形が複合する場合もあり、意匠を凝らしたグラスなどを含めるとその種類は無限だ。

ワイングラスにとって一番大切な条件は、まず「おいしく飲める」ということ。キレイに色が見えて、香りが逃げず、ワインがスムーズに口中に流れ込むのがよいグラスである。それに加えて、安定性や強度なども考慮して作られたのが、ISO(国際標準化機構)の規格グラス。形状パターンとしてはうりざね型に近く、サイズは3種、テイスティングに向く。

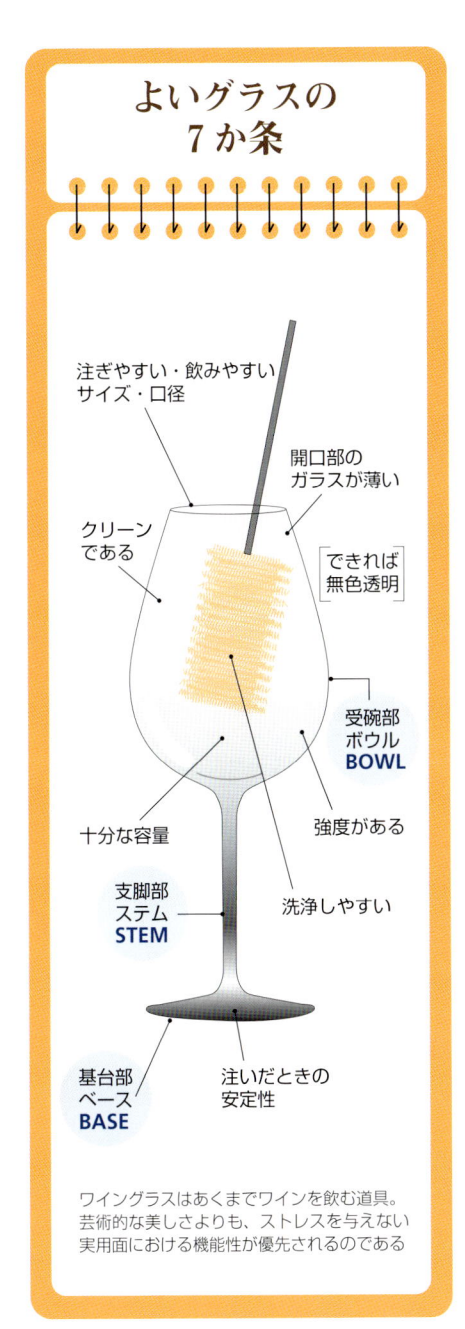

どのグラスにどのワイン? 相性にはおよその目安が

ワインとグラスの相性としては、タンニンの多いワインは酸化しにくい=香りが立ちにくいので、ボウルが大きなグラスに。ボルドーワインなどはこれがよい。逆に、タンニンの少ない冷やして飲むタイプなら空気と触れ合いにくい小振りで細長いグラスとなる。シャンパーニュが典型である。

よいグラスの7か条

- 注ぎやすい・飲みやすい サイズ・口径
- クリーンである
- 開口部のガラスが薄い
- できれば無色透明
- 受碗部 ボウル BOWL
- 十分な容量
- 強度がある
- 支脚部 ステム STEM
- 洗浄しやすい
- 基台部 ベース BASE
- 注いだときの安定性

ワイングラスはあくまでワインを飲む道具。芸術的な美しさよりも、ストレスを与えない実用面における機能性が優先されるのである

グラス形状パターン

平皿型

深皿型

朝顔型

ラッパ型

うりざね型

円筒型

風船型

ひょうたん型

複合型（円筒＋風船）

Lesson 9 グラス

グラスの形が味わいに影響する要素

香りの動き

香りが逃げやすい / グラス内に香りがたまる

開口部が広いほど香りは拡散し、逆にせばまっていればグラス内に香りがたまる

表面積の違い

酸素にたくさん触れる / 酸素にあまり触れない

空気に触れる面積が広いと、それだけワインが酸素を吸収して酸化が起こりやすい

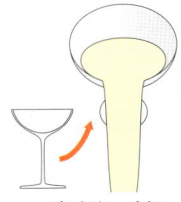

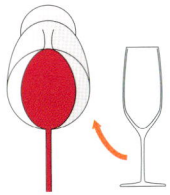

飲む口の形

「ア」「エ」の形 / 「ウ」「オ」の形

舌や口中へのワインの触れ具合の違い。フルーティな白ワインには「オ」の形が向く

口への流れ込み方

広くゆっくり / 細く速い

開口部の直径や形状の違いと傾斜によって、ワインが口中へ流れ込む形や勢いが変わる

Column 9

元々はラッパ型だったシャンパーニュグラス

シャンパーニュのグラスは、もともと縦長のラッパ型だった。19世紀、列強諸国の富裕層がシャンパーニュの顧客となったが、飲むときに首や喉が見えるのを女性たちが嫌い、顔を上げずに飲める平皿型を好んだ。

ワインとしての味わいを優先するなら、平皿型よりラッパ型が適している

Lesson 10

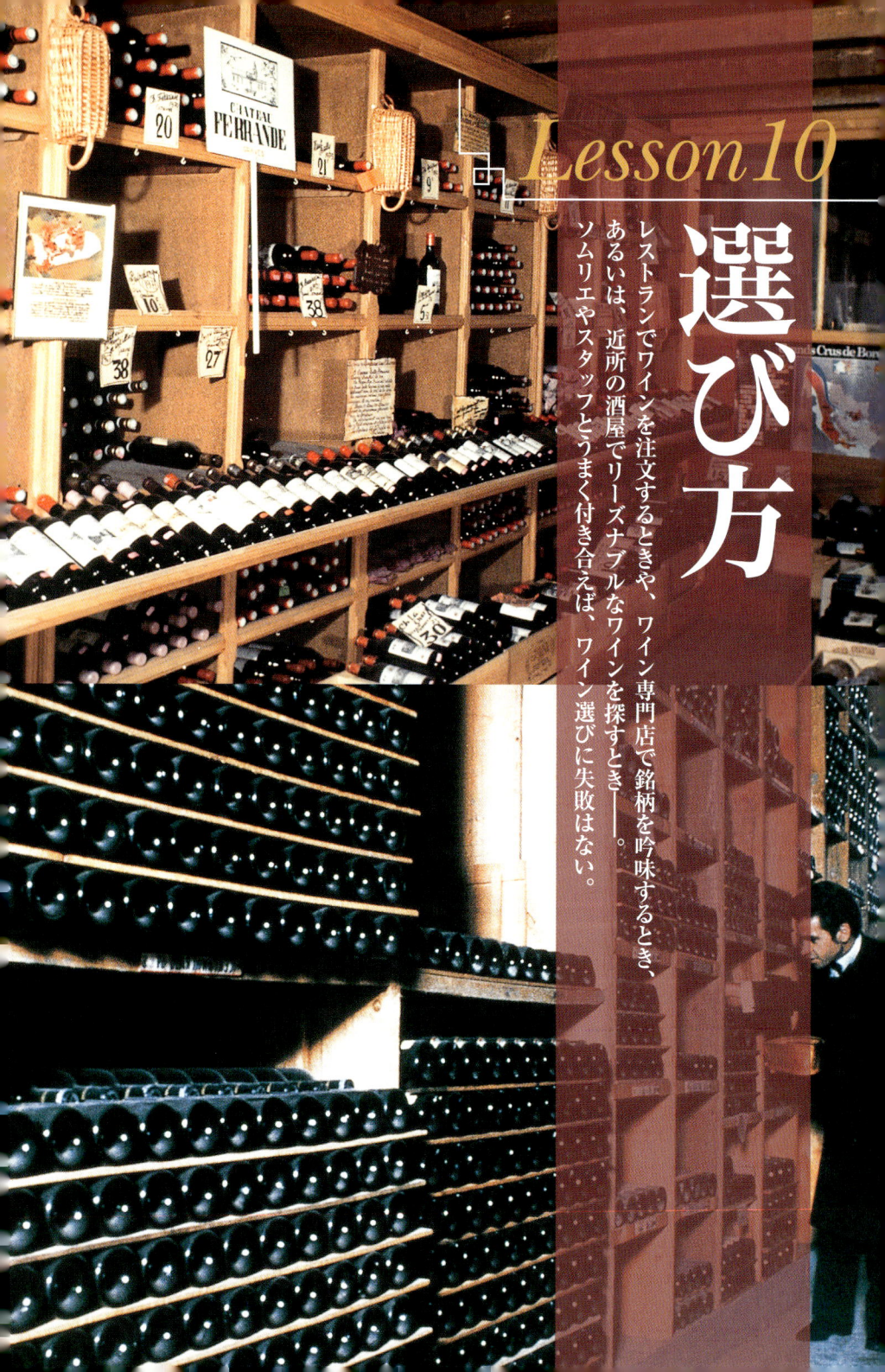

選び方

レストランでワインを注文するときや、ワイン専門店で銘柄を吟味するとき、あるいは、近所の酒屋でリーズナブルなワインを探すとき——。ソムリエやスタッフとうまく付き合えば、ワイン選びに失敗はない。

好みと予算を伝えれば まずハズレは出てこない

ワインリストからワインを選ぶのは、緊張を強いられるもの。優秀なソムリエがいればいいが、どこのレストランにもいるわけではない。

一般的なワインリストの見方は次項を参考にしてほしいが、わからないところがあれば遠慮なくソムリエやホールスタッフに質問を。ワインについてほとんど知識がなくても、「どんな味が好きか」を大まかに伝えることができきれば、希望に沿ったワインが出てくる確率は高い。「香りは爽やかで甘みの少ない白。予算は4000円ほど」といった簡便な形容詞でよい。

買うときはなるべく専門店で 信頼できる店を見つけて

家で飲む場合。ワインは保存環境に敏感な酒だから、できればワイン専門店に足を運びたい。近所の酒屋においしいワインがないとはいわないが、ホコリをかぶったような酒屋はやはり厳しい。店頭や店内の様子からその店の"プロ意識"や、情熱が感じられる店を選ぶことが大切だ。自分の商品に責任を持ったスタッフなら、味の好みや予算を伝えれば適切なワインを持ってきてくれるはずだ。

よいショップの 4か条

① 店の外観、周辺の歩道などがきちんと掃除されていて清潔感がある

② 売られているワインに日光が当たらず、また店内の照明が弱く絞られている

③ 見やすくて考えられたディスプレイ。買い物客に楽しげな印象を与える

④ ひとつのアイテムごとに、手書きのPOPなどで説明書きが添えられている

外観や周辺の清潔度はレストランにも共通するポイント。工夫が感じられないディスプレイは、商品への自信や責務が欠けている証拠

レストランでのワイン選び

ワインリストのみかた

| 英語 | フランス語 | イタリア語 |

| 白ワイン | White Wines | Vins Blancs | Vini Bianchi |

*Katsunuma Koshu 2005 Hanazono Wine Cellars (Nippon) ￥ 3,800
*Bergsteiner Johannisbrunn Riesling Auslese Trocken 2006 Dr. Logisch (German) ￥ 6,500
*Morning Dew Bay Sauvignon Blanc 2006 Flint Wines (New Zealand) ￥ 7,000
*Orange County Chardonnay 2006 Rolling Rock Vineyards (USA) ￥ 8,500
*Chablis Premier Cru "Villages de Bois" 2006 Domaines Balon de Moustache (France) ￥ 9,800

銘柄名　収穫年度　社名　生産国名　価格

（ワインリストは架空のものです。木村克己製作）

ホスト・テイスティングの仕方

③味を見てOKする
少し口にふくみ、不快さや変な味がないかぎりそのままOKする。感想などは必要ない

②色や香りを見る
ソムリエがホストのグラスに少量のワインを注ぐ。色や香りに異変がないかをチェック

①銘柄を確認する
ワインの銘柄名や生産者名、年号など、注文したワインに間違いないかどうかを確認

Lesson 10 選び方

要素ごとの好みを組み合わせて伝えよう

香り: 強い / 弱い　フルーティ / ナッティー　シンプルな / 複雑な　フラワリー / スパイシー　熟している / 若い

↓

味わい: 重い / 軽い　爽やか(酸味豊か) / コクがある　甘口 / 辛口　淡い / 濃い　ドライ / スイート　若い / 熟している

↓

感触: サラサラした / とろみのある

↓

余韻: ある / ない　短い / 長い　シンプル / 複雑

↓

タイプ: 白　赤　ロゼ　その他

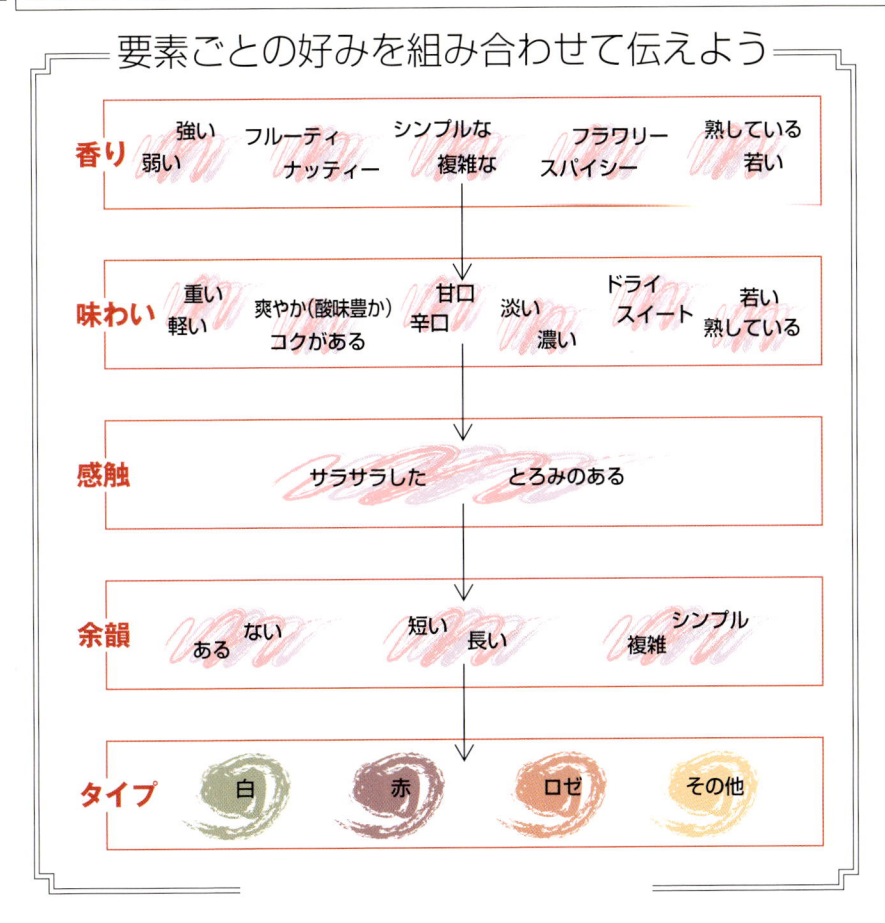

Column 10

ソムリエに対しても堂々とふるまうべし

ソムリエはワインの専門職人、かつ、"店員"である。客の希望に合ったワインを提供する係なのだ。ビシッと決めた黒衣装に物怖じは不要。高圧的なソムリエは、単にその店の低いレベルを示すだけの存在である。

「こちらなどいかがでしょうか?」
「おすすめのワインは?」

本当に優秀なソムリエは、頼りがいがあり、なおかつ気さくな相談相手といえる

Lesson 11

料理

あるワインとある料理が、見事なバランスでマッチしている場面が、フランス語でマリアージュ（結婚）と呼ばれる絶妙な組み合わせである。ワインと料理が互いに風味を高め合い、この上なく快適な時間をもたらしてくれる。

料理が主でワインが従 チーズとの相性は抜群

ワインは単独でもおいしい酒だが、料理と一緒に味わってこそ価値を高める。その場合、料理を基準にワインを合わせるのが定石だ。

料理との相性は、ワイン中の各成分の性質によって決まる。水分は料理の味を薄めてわかりやすくし、アルコールは水に溶け出さない味を抽出する。酸味はゼラチンを溶かし塩気をやわらげ、魚介類の甘さを引き立てる。タンニンは脂分を乳化して油溶性のうまみを引き出し、口中を洗い、ミネラルはアクや臭みを抑える。

ワインの女房役ともいえるチーズは、基本的にどんなタイプ同士でも相性は悪くない。とりわけ、同じ産地のワインとチーズは、歴史に裏打ちされた抜群の相性のよさを持っている。

さまざまな風味との相性を楽しくチェックしてみよう

137ページに示す相性テストは、いろいろな食品の味とワインの相性をチェックするためのものである。

使うワインは何でもよいが、できれば白と赤でタイプの違うものを2種類ずつ用意したい。食品とワインがお互いに与え合う効果はどのようなものか、体感してほしい。

よい相性の5か条

① 軽快な白ワインと淡白な魚料理など、ワインと料理のタイプが同じ組み合わせ

② 違うタイプのワインと料理を合わせたとき、第三の風味が新たに生まれる場合

③ ワインの味は目立たなくなるが、結果的に料理の味わいを引き立てるケース

④ 肉や魚の脂っぽさや生臭さをワインが中和する。調理に使う白ワインも一例

⑤ 料理とワインの"ランク"を合わせる。これに差があると低位側が貧相になる

同じタイプを合わせるのが基本だが、違うタイプを合わせると引き立つ場合もある。赤ワインのタンニンは肉の脂を乳化してくれる

タイプ別 ワインに合う食材・調理法・味付け

タイプ別	軽快で爽やかな白ワイン	なめらかではっきりとした白ワイン	コクのある風味豊かな白ワイン	甘口・濃厚な白ワイン	鮮やかな味わいのロゼワイン
ワインに合う食材例	白身魚、貝類	白身魚、エビ、貝類、野菜	味の強い白身魚、エビ、鶏、豚	フォアグラ、レバー、デザート類	白身肉（鶏、豚）、魚介類
調理法	生食、ゆでる、蒸す	焼く、炒める	グリル、炒める、揚げる	テリーヌ、煮る、ゼリー固め	焼く、煮る、炒める
味付け	塩、レモン	塩、植物性油脂、ビネガー	塩、バター、白いスパイス	塩、スパイス、蜜、ビネガー	オリーブオイル

タイプ別	軽快でおだやかな赤ワイン	まろやかな飲み口の艶やかな赤ワイン	コクのある風味豊かな赤ワイン	スパークリングワイン	ポートワイン＆シェリー
ワインに合う食材例	ハム、ソーセージ、白身肉	肉全般	脂のある牛仔羊、野ガモ	※ワインのタイプによって異なるが、白身魚や塩味の肉料理にはだいたい合う	※ポートはデザート類やチーズに合うが、シェリーはタイプによってまちまち
調理法	焼く、煮る、蒸す、ゆでる	グリル、炒める、揚げる	ロースト、煮込む		
味付け	塩、クリーム、ビネガー	塩、バター、クリーム、フォン	黒いスパイス、フォン、バター		

Column 11

同じ地方で生まれたワインと料理は好相性

郷土料理と地ワインは相性抜群。たとえば、生ハムを載せたニョッコフリット（薄い揚げパン）はイタリア・エミリア＝ロマーニャ州の家庭の味だ。同州の赤、ランブルスコ・デル・クアレジーモと合わせれば文句ナシ。

土地に根ざした料理とワインの組み合わせは、理屈抜きにおいしく味わえる

Lesson 11 料理

いろいろな味との相性をテストしてみよう

白ワインA　白ワインB

赤ワインA　赤ワインB　水

フランスパン
無塩バター
粉チーズ
塩
シナモンパウダー
レモン
イチゴジャム
エストラゴン

最初にワインだけを飲んで味をみる。以後、「食べる→飲む」の順でチェックしていく。口直し用の水も用意しておこう

❶フランスパン	ワインの味の細部が見えてくる
❷イチゴジャム	ワインの持つ酸味の強さ、原料のフルーツ感がわかる
❸レモン	ワインの持つ酸味の複雑さ、強さがはっきりする
❹フランスパン＋無塩バター	ワインが脂を流す力がどれくらいあるのかがわかる
❺フランスパン＋無塩バター＋塩	ワインが食品の味を引き出す力がわかる
❻フランスパン＋無塩バター＋エストラゴン	ワインのフレッシュ感、若さがわかる(白ワインのみ)
❼フランスパン＋無塩バター＋シナモンパウダー	ワインの余韻のフレーバーの強さがわかる(赤ワインのみ)
❽粉チーズ	ワインのトータルな味(酸味、渋み、うまみ)、総合力がわかる

Lesson 12

健康

フレンチ・パラドックスが話題を呼んで以来、"ポリフェノール"の名とともに、とくに赤ワインは健康機能性食品としての一面が知られ、注目を集めるようになった。ワインの持つ健康効果には、はたしてどのようなものがあるのだろうか。

ワインの長い歴史は優れた食品である証拠

ヨーロッパでは、古代から食中酒として広くワインが飲まれているが、体によい効果があるのだろうか？

ワイン発祥の地である地中海沿岸は、①そのまま飲める水が少ない②オリーブオイルの多用③鮮度の問題がある魚介の殺菌④動物性油脂を消化吸収するために水溶化・乳化が必要、という食文化圏である。ワインは、水分を補給し、油を流し、動物の脂を溶かす飲料として不可欠な存在である。ワインに含まれるビタミンやミネラルも野菜的な栄養素だ。

赤ワインは体にいい？効果は報告されているが……

「赤ワインに含まれるポリフェノールが体にいいらしい」とワインブームが起こった。ポリフェノールは防腐効果が高く、還元的な性質で、動脈硬化やガンの原因となる活性酸素とすばやく結びつき、活性酸素の活動を阻止する。ただ、その土地の風土や食生活も深く関係するから、油脂を多く摂るフランス人に動脈硬化が少ないからといって、日本人にもあてはまるとは限らない。赤ワインを飲めばガンにならない、と考えるのは早計である。

ワインの成分

水分
約 85 〜 90%

アルコール 約10 〜 15%

数 %

微量

糖分
酸

ビタミン
ポリフェノール
ミネラル
香り成分　など

クリアな色の白ワインも、濃い色合いの赤ワインも、そのほとんどは水分である。残りのわずか数%のなかに、ポリフェノールやミネラル、ビタミンなどの成分が含まれている

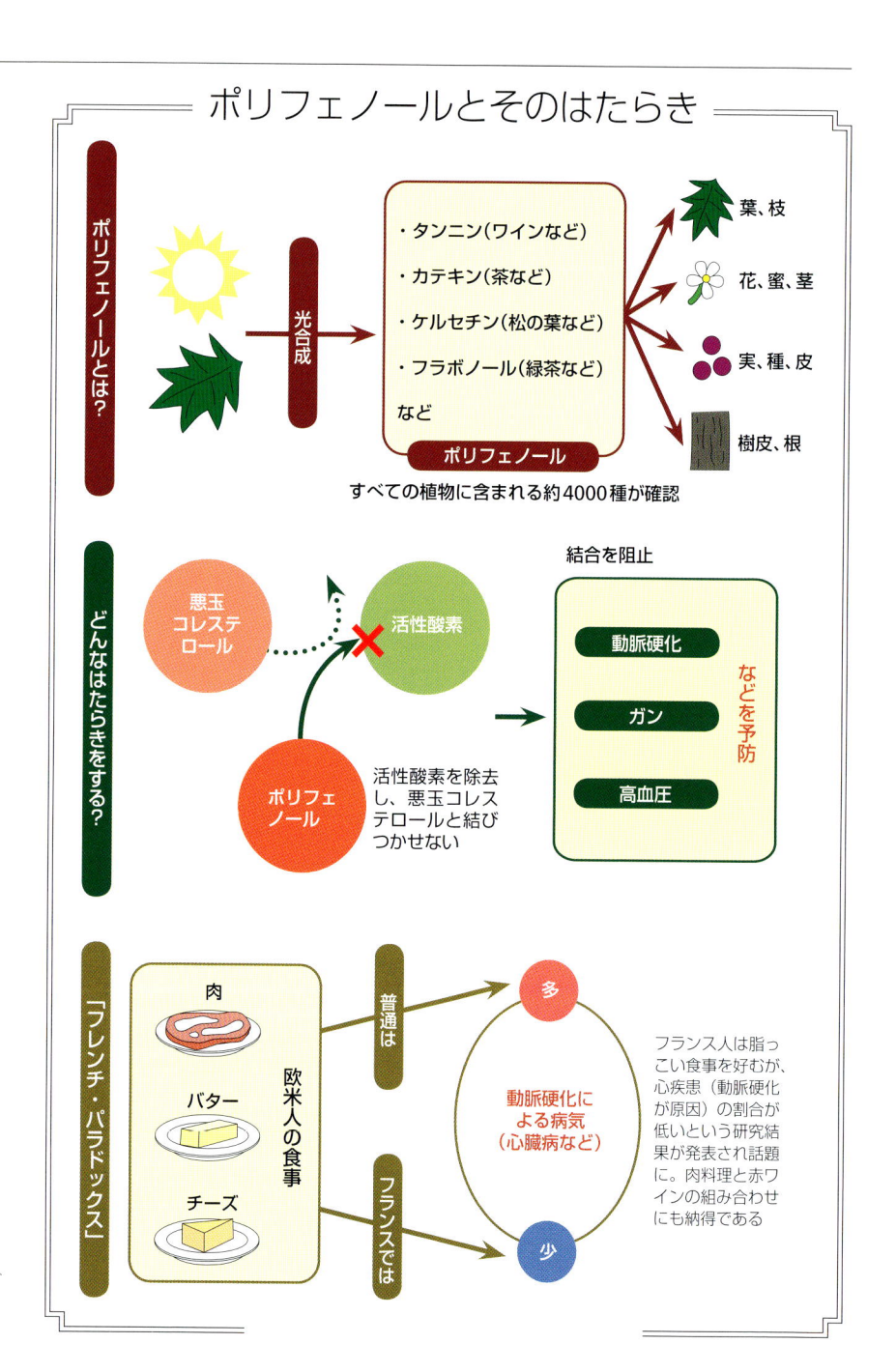

ポリフェノールとそのはたらき

ポリフェノールとは?

光合成 → ポリフェノール
- タンニン(ワインなど)
- カテキン(茶など)
- ケルセチン(松の葉など)
- フラボノール(緑茶など)
など

→ 葉、枝
→ 花、蜜、茎
→ 実、種、皮
→ 樹皮、根

すべての植物に含まれる約4000種が確認

どんなはたらきをする?

悪玉コレステロール ╌╌ 活性酸素 ×
ポリフェノール：活性酸素を除去し、悪玉コレステロールと結びつかせない

結合を阻止 → 動脈硬化／ガン／高血圧 などを予防

「フレンチ・パラドックス」

欧米人の食事（肉、バター、チーズ）
- 普通は → 動脈硬化による病気（心臓病など）多
- フランスでは → 動脈硬化による病気（心臓病など）少

フランス人は脂っこい食事を好むが、心疾患（動脈硬化が原因）の割合が低いという研究結果が発表され話題に。肉料理と赤ワインの組み合わせにも納得である

Lesson12 健康

ポリフェノールだけじゃない！
ワインの健康力

ミネラル
- マグネシウム ── 不足すると動脈硬化や高血圧などが起こりやすくなる
- カルシウム ── 骨や歯を作る、心臓や血液を整えるなど多くの効果が
- カリウム ── 脳の血管を強くする。酒のなかではワインだけに含まれている
- イオウ ── アミノ酸の構成要素として体を作る。肝臓の機能も高める

有機酸 ── 数十種類の酸が殺菌・整腸など有用な働きをする

ビタミン
- ビタミン
- ビタミンC
- ビタミンP
- ビタミンB$_3$
- ビタミンB$_2$

体の抵抗力をアップしたり、血管を強化したりする。ビタミンPはビタミンと同じ働きをする成分

優れたワインを生む地域では、人々の生活においてワインは必要不可欠な存在なのである

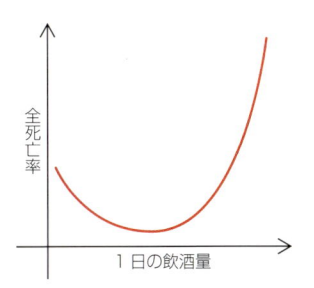

Jカーブと呼ばれるグラフ。酒を飲まない人より、適量の飲酒習慣がある人のほうが死亡率が低いというデータだ

Column 12

健康効果があるのは赤ワインだけじゃない

赤ワインばかりが注目されるが、白ワインの殺菌効果も見逃せない。さわやかな酸味は白ワインの身上。酸が強ければ、それだけ殺菌効果も強くなる。生の魚介類に白ワインを合わせるのには理由があったのだ。

ポリフェノールは少ないが、白ワインにもちゃんとヘルシー効果がある

> ワインの温度

【おいしく飲める温度を知る】

温度とワインの相性を知ろう

ワインには「適温」がある。ただし、含まれている酸やうまみは銘柄によって違うため、一概に「この温度が最適」とはいえない。いろいろ試してみるのが一番だ。

一般的に白ワインは冷やして、赤ワインはそれより高めの温度でといわれる。たとえば、酸味の強い白ワインは冷やしたほうが、味が締まり、爽快感が出る。スパークリングワインは冷やすと泡が抜けにくくなるので、10℃前後に冷やす。甘口の白ワインも冷やすと甘みと酸味のバランスがよくなり、いっそうおいしく快適になる。

逆に渋みの強い赤ワインを冷やすと渋みが重くなり、苦くざらつくような印象になるので18℃ぐらいのやや高温が適している。また、高めの温度で飲むと、香りや長く深い余韻を感じやすくなるので、香り高い長期熟成の赤ワインなども常温が向く。ちなみに、よくいわれる室温とは西洋の天井の高い石造りの邸宅の室温を指す。

温度	ワインの種類
6℃近辺	発泡性ワイン、貴腐ワイン
8℃近辺	甘口の白ワイン、やや甘口のロゼワイン
10〜12℃	シャンパン
12℃近辺	辛口の白ワイン
10℃近辺	辛口のロゼワイン
14℃近辺	コクのある香り高い上級白ワイン、軽口の赤ワイン
16〜18℃	上級赤ワイン、渋みがあり、香り高い長期熟成赤ワインなど

タイプ別
カタログ200

White Wine

軽快で爽やかな白ワイン

酸味豊かで爽やか。軽やかで喉の渇きを癒すうえ、殺菌作用もあり、ワインを生活必需品として親しんでいる国々の日常酒の色彩が強い。

White
Red
Rose
Sparkling
Port & Sherry

●フランス
コート・デュ・ヴァントゥー・ブラン

フランスの地方種を使った爽快な一本

フランスで最も多く栽培されているユニ・ブラン種にサンソー種やクレレット種をブレンドした、爽やかな味わい。ナッティーな風味に始まり、中盤からの爽やかな酸味と後口のミネラル感が楽しめる。手ごろな価格なのでカクテルベースとして用いるのにもよい。

11度　Côtes du Ventoux Blanc 02　¥1050
ラ・カンパニー・ローダニエンヌ：ミリオン商事

●フランス
マコン・ヴィラージュ ヴィエイユ・ヴィーニュ

軽快かつ爽やかな飲み口が身上

ヴィエイユ・ヴィーニュとは古いブドウの樹という意味で、その畑のなかの最良の古木から造られたことを示している。香りは穏やかでリンゴやアプリコットなどを思わせる。さらりとした飲み口で、喉の渇きを癒しつつ、ドライなフィニッシュへと至る。

14度未満　Mâcon-Villages Vieilles Vignes 03
¥2006　モメサン：オエノングループ 合同酒精

オーストリアで栽培されているブドウのうち約7割が白

● フランス

ミュスカデ・セーヴル・エ・メーヌ シュール・リー "シャトー・デュ・クレレ" オート・クルチュール

すがすがしい香りと味わいが楽しめる

生産者は、ミュスカデの地位を高めることに貢献したワイナリーのひとつ。なかでもこの銘柄はバジルや新鮮なリンゴ、レモンなどの爽やかな香りを思わせる品だ。フレッシュな味わいで、後口に現れるシャープでフルーティな酸味が清涼感を残す。

12度　Château du Cléray Muscadet Sèvre et Maine sur Lie 04　¥2,107　ソーヴィヨン・エ・フィス：日本リカー

● フランス

レオン・ベイエ リースリング

フランス流リースリングワインの見本

ドイツと国境を接するアルザス地方で、16世紀からブドウ栽培を続けているベイエ家の一品。この銘柄にはドイツのブドウ品種であるリースリング種を使用している。甘みを残すドイツ産とは異なり、アルコール度数は高く、コクのあるドライな味に仕上がっている。

12.5度　Réon Beyer Riesling 02　¥2625　レオン・ベイエ社：日食

● フランス

リースリング・キュヴェ・トラディション

土地の魅力がぎゅっと詰まった味わい

アルザスの名門として知られるクンツ・バーが手がけた一本。土壌のミネラル分を十分にたくわえたブドウから造るワインは、のびやかな味わいで、凝縮感のある分、酸味やミネラルも濃く感じさせる。ほんのりと漂う白コショウのようなスパイシーさも印象的だ。

12度　Riesling Cuvée Tradition 02　¥2625　クンツ・バー：メルシャン

●イタリア
ヴェルディッキオ・ディ・カステッリ・ディ・イエージ・クラシコ

地中海の食材と合わせて堪能したい

ヴェルディッキオという地元品種を使ったワイン。飲みやすく、喉の渇きを癒すのに最適。白い石灰岩層で栽培されるミネラル分豊富なブドウを使用している。共通の土壌で栽培されたオリーブから作られるオリーブオイルをはじめ、地中海の塩、魚介類との組み合わせがよい。

12度　Verdicchio dei castelli di Jesi Classico 03　¥1785　ファッジ・バタリア：メルシャン

●イタリア
"アラゴスタ"ヴェルメンティーノ・ディ・サルデーニャ

エビ料理と一緒に楽しみたい一本

風光明媚な観光地として知られるサルデーニャ島の銘柄。ヴェルメンティーノという品種を酸味の豊かな時期に収穫して使用しているイセエビのこと。名前のとおり、エビ類を含む魚介類全般と抜群に相性がよい。

11.5度　Aragosta Vermentino di Sardegna DOC 04　¥1785　カンティーナ・ソチャーレ・サンタ・マリア・ディ・パルマ：フードライナー

●イタリア
ソアーヴェ・クラッシコ・スペリオーレ

近年評価の高まった白ワインのひとつ

2001年にDOCGに昇格した、ソアーヴェのクラッシコ・スペリオーレ。ガルガネーガ種というシャープな味わいの地元品種にシャルドネ種をブレンドして、ふくよかさ、やわらかさを加味している。刻印を施した、凝ったボトルもこの銘柄の魅力のひとつだ。

12.5度　Soave Classico Superiore D.O.C.G. 03　¥オープン　ベルターニ：モンテ物産

●イタリア
エスト!エスト!!エスト!!!

飲料水代わりにも飲まれる白ワイン

エストとはラテン語であるという意味。神聖ローマ皇帝の部下が、ローマ近郊でおいしいこのワインを造る家の扉に「ある!ある!!ある!!!」と記したという逸話から、この名が付いたといわれている。スムーズな飲み口で、地元では飲料水の感覚で親しまれている。

12度　Est! Est!! Est!!! 04　¥1008　カンティーナ・ディ・モンテフィアスコーネ：メルシャン

●イタリア
トレビアーノ・ダブルッツオ

豊かな酸味をたたえた若飲みタイプ

若飲みタイプの日常酒として親しまれているボトル。イタリア、フランスで最も多く栽培されている酸味の高い白ワイン品種を使用している。酸味のほか、わずかな渋みと塩味、ミネラル感、ほのかな香ばしさ、はっきりとした苦みが飲み飽きさせない要素だ。

12度　Trebbiano d'Abruzzo 03　¥1040　カミーロ・モントリ：メルシャン

●イタリア
デコルディ・ソアーヴェ

魚介類主体の地中海料理と相性抜群

染み通るような酸味があり、口のなかをスッキリとさせてくれる典型的な地中海のドライな白ワイン。爽やかさ、ミネラル感など、石灰岩層がベースのブドウ畑で造られたワインの特徴がはっきりと現れている。オリーブオイルで調理、味付けした魚介料理に最適だ。

15度未満　DECORDI Soave 03　¥903　デコルディ：メルシャン

●イタリア
ルフィーノ　オルヴィエート　クラッシコ

水のような潤いのある飲み口が身上

オルヴィエートは高い崖の上に造られた空中街市で、イタリアの観光地として広く知られている。このワインは街の周りのブドウ園で栽培された、プロカニコ種という地元のブドウ品種を使用。飲み込むと舌を潤し、喉を走るようなみずみずしさを感じさせてくれる。

15度未満　Ruffino Orvieto Classico 04　¥1344　ルフィーノ社：サントリー

ワインの味わいを表現する "ミネラル味" ってなに？

ワインに石や鉱物を思わせる味や風味が感じられる場合に便宜的に用いる。ミネラルは有機物に対する無機的な微量元素で、金属と非金属に分類され、おもに土壌に由来するとされている。夕立や河原石同士を打ち合せた匂い、きわめて硬度の高い鉱泉水(コントレックスなど)を煮詰めた味という形容ができるだろう。微量でもワインの味わいに奥深みと心地よい苦みをもたらし、後口をスッキリさせる。また、魚介や肉の臭みを鎮める作用がある。

● ドイツ

エゴン・ミューラー・リースリング　Q.b.A.

名手のワイン造りの哲学を巧みに反映

ヨーロッパ屈指のワインの造り手として名高いエゴン・ミューラー家の名が付けられた銘柄。繊細かつ優雅な味わいで、キメ細かな甘みときれいな酸味がゆっくりと広がり、長くおいしさを感じさせる。土と気候の条件、ワイン造りの哲学を見事に融合させている。

15度未満　Egon Müller Riesling Q.b.A. 02
¥2468　エゴン・ミューラー：メルシャン

● ドイツ

ヴュルツブルガー シュタイン シルヴァーナー トロッケン

外見も中味もユニークな白ワイン

生産地は、ドイツで糖尿病患者が飲めるディアペティカーワインも産出するフランケン地帯。ほのかな甘みや、それを上回る酸味、たたみかけるようなミネラル感が広がる。昔の酒袋を元にした扁平形の瓶も独特だ。

10度　Burgerspital Zum Hl. Geist 02　¥2594
ビュルガーシュピタール醸造所：ファインズ

● ドイツ

ピースポーター・ミヘルスベルクQ.b.A

さっぱりとしたフィニッシュが持ち味

ミカエルの山という意味を持つ、ピースポルト村のミヘルスベルク区域のモーゼルワイン。ハチミツのような香りとさらりとした甘みを持ち、フィニッシュに訪れる酸味が、口のなかをリフレッシュしてくれる。よく冷やして飲めば、ビール代わりにも楽しめる。

9度　Piesporter Michelsberg Q.b.A. 00
¥1132　フランツ・レー社：キッコーマン

● ドイツ

シュタインベルガー リースリング カビネット

きらびやかな香りを漂わせる秀作

ラインガウで最も著名な銘柄で、ゼリービーンズの袋を開けたときのような華やかな香りを放つ。明確な甘みを持つが、甘みのなかから湧き出たような酸味が、いつの間にか甘みをきれいに消し去ってくれる。リースリング種の本領をいかんなく発揮している一本だ。

15度未満　Steinberger Riesling Kabinett 04　¥3854
国立ワイン醸造所 クロスター・エーバーバッハ：ファインズ

148

●スペイン
バルミニョール・アルバリーニョ

華やかな香りと爽やかな味わいを満喫

現在、スペインの白ワイン産地で一番活気のあるリアス・バイシャスの銘柄。爽やかな味わいは、寒流の影響を受けるスペイン最北西部の海岸地域ならでは。舌にのせた瞬間から、柑橘類のような澄んだ味わいと花のような香りが感じられる、しっとりとした辛口だ。

12.3度　Valmiñor Albariño 04　¥2415　アデガス・バルミニョール：モトックス

●ドイツ
ロバート　ヴァイル　リースリング

ドイツ皇帝が愛した銘醸元の一本

生産者のロバート　ヴァイル醸造所は、ドイツ皇帝ヴィルヘルム2世に親しまれたことで有名。この醸造所が持つ複数の畑のブドウをブレンドしたこの銘柄は、徐々にしっかりした味わいが現れ、ふわりと過ぎ去っていく。クリアーな後味で、飽きのこない一品だ。

10度　Robert Weil Riesling Q.B.A 03　¥2709　ロバート ヴァイル醸造所：ファインズ

コクを生み出す工夫　シュール・リー製法

　シュール・リーとはフランスの醸造用語。適切な日本語訳はないが、直訳すると澱の上という意味になる。この製法では、発酵し終えた後もワインをろ過せず沈殿した酵母（イースト）の残滓と半年近く槽に入れたまま同居させる。こうすることで無酸素状態が作られ、ワインのフレッシュ感がキープできる。この状態のワインを調熟し、同時に酵母から溶け出したアミノ酸（うまみ）を付与することで、軽い味わいのワインにある種のコクが生まれる。

●スペイン
リアス・バイシャス　アルバリーニョ

上質のブドウを醸した軽やかな味わい

ヨーロッパを代表する名門、マルケス・デ・ムリエタが、リアス・バイシャスで栽培している高品質のアルバリーニョ種を使用。スムーズな飲み口で徐々にライムを搾ったときのような軽快な酸味が広がっていく。ドライなのに喉の渇きを癒してくれるおすすめの一本だ。

12度　Rias Baixas Arbariño 03　¥3500　パソ・デ・バランデス：ラック・コーポレーション

●オーストラリア

ルーウィン・エステート
アートシリーズ・リースリング

多彩な味の要素がだんだんと現れる

優良ワインが造られる西オーストラリア州マーガレットリバーの銘柄。口にふくむとわずかな甘み、キメ細やかな酸味、ほのかなミネラル味などが徐々に現れる。名高いワイナリーながらコルク臭のリスクを避けるため、スクリューキャップを積極的に採用している。

12度　Leeuwin Estate Art Series Riesling 04
¥2572　ルーウィン・エステート：ヴィレッジ・セラーズ

●オーストラリア

ウィンダム　エステート BIN777
セミヨン・ソーヴィニヨン・ブラン

均整のとれた味と果物の香りが身上

生産者は1828年に開墾を始めた歴史を持つ、オーストラリアワイン生産の草分け的存在。ワインはセミヨン種とソーヴィニヨン・ブラン種のブレンド。レモン、リンゴなどのような香りのなかにわずかな甘みを感じさせる。なめらかでバランスのとれた味わいだ。

11度　Wyndham Estate BIN777 Semillon Sauvignon Blanc 04
¥1943　オーランド・ウィンダム：ペルノ・リカール・ジャパン

●日本

五月長根葡萄園

澄んだ味わいが身上の岩手の白ワイン

岩手県花巻市大迫町にあるワイナリーの一本。町のブドウ栽培者すべてがエコファーマーとして県の認定を受けており、安全性を重視。ドイツの銘醸地と気象条件が類似しているこの地のリースリング・リオン種によるワインは、雑味がなくクリーンな後口が印象的だ。

11.3度　Satsuki Nagane Budohen 04
¥2100　エーデルワイン

●日本

エスポワール勝沼甲州
シュール・リー

ふっくらとしたタッチが印象深い

シュール・リー製法を採用した銘柄で、甲州ブドウの果実の魅力を十分に引き出している。ほのかにリンゴジャム、夏ミカン、20世紀ナシ、ミネラルを思わせる香りを漂わせる。渋み、苦みを残した厚みのある飲み口で、純米酒を思わせるやわらかなふくらみ感がある。

15度未満　L'Espoir Katsunuma Kosyu Sur Lie 04　¥1575　麻屋葡萄酒

ドイツを代表するブドウ品種、リースリング種

●チリ
サンタディグナ ソーヴィニヨン・ブラン

チリワインの可能性を引き出した銘柄

スペインの名門、トーレス家が、チリのクリコに設立したワイナリーの銘柄。ブドウの強い時期に収穫したブドウを醸している。高原地のソーヴィニョン・ブラン種が持つフレッシュなブドウの味わいを十分にいかしている。爽やかさを表現するため、完熟する前の酸味

13.5度　Santa Digna Sauvignon Blanc 04
¥1585　ミゲル・トーレス・チリ：三国ワイン

●日本
ルバイヤート甲州 シュールリー（ボルドーボトル）

甲州種の問題をクリアーした一本

フレッシュ感とみずみずしさに満ちた、甲州市勝沼町が誇る白ワイン。苦い渋みが後口に残りやすいといわれる甲州種から、極めてきれいな味のワインを仕上げている。搾汁圧力のかけ方、果汁の清澄法に工夫を重ねるなど、改革を進めた生産者の努力がしのばれる。

12.8度　Rubaiyat Kosyu Sur Lie 04　¥1585
丸藤葡萄酒工業

White Wine

なめらかではっきりとした白ワイン

原料となるブドウ品種の持ち味と産出される地方や区域の特徴が明確に現れていて、飲み口に突出したクセがないバランスのとれたタイプ。

- White
- Red
- Rosé
- Sparkling
- Port & Sherry

●フランス
サン・ヴェラン キュヴェ プレステージ

万人に愛される飲みやすい味わい

サン・ヴェランは、コート・マコネーズ区域内の8つの村で造られる白ワインの総称。シャープさとなめらかさを兼ね備えた、気軽に飲めるワインだ。ブルゴーニュのほか、パリでも人気が高く、レストランやホテルのハウスワインとしても広く親しまれている。

13度　Saint-Véran Cuvée Prestige 02
¥3255　ドメーヌ ロジェ ラサラ：ファインズ

●フランス
サンセール ブラン レ ロマン

ソーヴィニヨン・ブラン種の魅力満載

ハチミツがかった色合い、グレープフルーツやトロピカルフルーツを思わせる香りなどは、成熟させたソーヴィニヨン・ブラン種ならでは。舌先でほんのりとろみを感じさせた後、舌全体を覆うように豊かな酸味が広がり、ドライなフィニッシュへとつながっていく。

13.8度　Sancerre Blanc Les Romains 03
¥3780　ジットン：大榮産業

●フランス
シャトー・ド・トラシィ・プイィ・フュメ

ミネラル豊富で川魚と楽しみたい一品

ロワール河中流域に位置するサンセールとプイィ・フュメは、ソーヴィニヨン・ブラン種の2大産地。なかでも後者のワインは、鋼や火打石を打ち合わせたときのような香りを持つ。ミネラル豊かな味わいで、ヤギのチーズやアユ、ベニマスといった川魚と相性がよい。

13.5度　Château de Tracy Pouilly-Fumé 03
¥3675　シャトー・ド・トラシィ：アルカン

●フランス
シャトー マラルティック・ラグラヴィエール

ボルドーの秀逸な辛口の白ワイン

生産地のグラーヴは、ボルドーでは数少ない辛口白ワインの産出地域。セミヨン種とソーヴィニョン・ブラン種をブレンドした銘柄で、まるみとシャープさが二重構造になったような口当たりだ。後口にやわらかな酸味を持ち、ドライなフィニッシュを迎える。

13度　Château Malartic Lagravière　¥7350
シャトー マラルティック ラグラヴィエール：明治屋

●フランス
シャブリ・グラン・レニャー

クラシックなシャブリの味わいを堪能

名家、バロン・ド・ラドゥセット家のシャブリの畑で栽培されたシャルドネ種を使用。風格のあるやわらかな飲み口で、みずみずしい味わいが楽しめる。味だけでなく、19世紀の瓶を模したボトルからも古きよきシャブリのスタイルを踏襲していることがうかがえる。

12.5度　Chablis Grand Régnard 02　¥5250
レニャー社：ブリストル・ジャポン

●フランス
シャブリ グラン・クリュ ヴォーデジール

シャブリの最高峰に君臨する逸品

シャブリのなかで最もコクのある、トップクラスの銘柄。繊細で透明感のある香りのなかには熟した果物、ナッツ、ハチミツなどの多彩な芳香をたたえている。まろやかさを感じさせた瞬間から、香ばしさ、なめらかさ、精緻な酸味がスピーディに展開していく。

13度　Chablis Grand Cru "Vaudésir" 00
¥9450　ジョゼフ・ドルーアン社：三国ワイン

● フランス
パレット・ブラン

ほどよい甘みと爽快な酸味が印象的

主たるブドウ品種はクレレット種、グルナッシュ・ブラン種という地方品種。使用しているブドウ品種はまったく異なるのに、熟成したシャブリのプルミエ・クリュに非常に似た趣を持つ。繊細でほのかな甘みは引き潮のように消えていき、爽やかな酸味が後口を彩る。

13度　Palette Blanc 02　¥オープン　シャトー・シモーヌ：ラック・コーポレーション

● フランス
ⅢB（トワベー）・エ・オウモン 白

ピレネーの裾の知られざる銘醸地で産出

生産地のリムーは、ピレネー山脈のふもとに位置する知る人ぞ知る上質ワインの産出地域。シャルドネ種で造ったこのワインは、甘やかなコクに溶け込んだ酸味とミネラルが、香ばしさとともに口いっぱいに広がる。低価格だが、決してあなどれない一本だ。

13.35度　ⅢB ＆ Auromon Blanc 04　¥1890　ジャン・クロード・マス：モトックス

● フランス
リュリー一級 クロ・サン・ジャック

空気に触れると味わいが一気にアップ

ボーヌ地区の南東に位置するリュリーの白ワイン。ブルゴーニュ周辺の星付きレストランのワインリストには必ず載っている銘柄として定評がある。グラスに注いだ直後はややザラつきがあるが、1〜2分おくとキメ細かさ、なめらかさ、香ばしさが引き立つ。

13度　Rully 1er Cru Clos Saint-Jacques 02　¥オープン　ドメーヌ・ド・ラ・フォリー：ラック・コーポレーション

● フランス
ボーヌ プルミエ・クリュ クロ・デ・ムーシュ ブラン

ハチにも愛される香りと味わいが魅力

ボーヌ地方ではムーシュはハチを意味する。ブドウ畑はかつて養蜂場で、現在もハチがこぞって集まる。ハチが集まるような花ほど優良なブドウができることから、この名が付いた。花やハチミツの香りを持ち、甘みとなめらかな酸味が見事に融合している。

13度　Beaune 1er Cru "Clos des Mouches" Blanc 01　¥11550　ジョゼフ・ドルーアン社：三国ワイン

●イタリア
ガヴィ　D.O.C.G.

味わいに深みのあるガヴィの秀作

生産者はバローロ、バルバレスコの造り手としても名高いピオ・チェーザレ。コルテーゼ種を使ったこのワインはさっぱりとした味わい。シンプルになりがちなガヴィだが、この銘柄にはわずかに樽のタッチがあり、奥行きのある味わいに仕上げられている。

12度　Gavi 03　¥2737　ピオ・チェーザレ：日本リカー

●イタリア
ヴェルナッチャ・ディ・サン・ジミニャーノ・サン・ビアジョ

トスカーナの地方品種を醸した一品

ヴェルナッチャ・ディ・サン・ジミニャーノという品種だけで造った、トスカーナ州のDOCGワイン。甘くないのになめらかな味でミネラルを思わせるフィニッシュが印象的。このミネラルのような後口の苦みが、魚介類の甘み、うまみを十分に引き立ててくれる。

15度未満　Vernaccia di San Gimignano San Biagio 03　¥1680　グッチャルディーニ・ストロツィ：メルシャン

華やかさを演出するハチミツ香について

凝縮感の強い白ワインにある香り、ハチミツは蜜蜂からの甘美な贈り物だ。この甘い液体は花の蜜、蜜蜂体内の水や酵素の作用によって作り出される。ハチミツには一種類の花だけで作られたシングルと、複数種を混交させたマルチとがあり、これらは花粉の形状などで識別される。味や香りは花の種類の違いに加え産地、季節や生産者によるところが大きい。アカシア、ラベンダー、リンデン(菩提樹)など専門店で味見、購入できるおいしい香りだ。

●イタリア
ペルダウディン ロエーロ アルネイス DOC

特有の芳香と澄んだ味わいが印象的

シソやラベンダーの花の香水、オレンジピールなどを思わせる個性的な香りの一品。使用しているのは、地元でバローロ・ビアンコ種と呼ばれているアルネイス種。なめらかでクリアーな味わいがあり、後口にじんわりとやわらかでフルーティな酸味が広がる。

12.5度　Perdaudin Roero Arneis DOC 02　¥3045　アジェンダ アグリコーラ ネグロ アンジェロ エ フィリ：大榮産業

●ドイツ

シャルツホーフベルガー リースリング カビネット

満足度の極めて高い至高の味わい

名門、エゴン・ミュラーが手がけた、著名かつ偉大なドイツワインの金字塔。洗練された高貴な味わいで、つややかな甘みと絹のようになめらかな酸味は見事としかいいようがない。体に染み入るような清冽かつ精緻な飲み口で、比類ない喜びをもたらしてくれる。

11.88度　Scharzhofberger Riesling Kabinett 04　¥5985　エゴン・ミュラー：モトックス

●ドイツ

オーバーホイザー ライシュテンベルク リースリング カビネット

美しい清水のように喉を潤してくれる

生産者のヘルマン・デーンホフ醸造所は、ナーへという地区で異彩を放つトップワイナリー。清らかな岩清水を思わせる飲み口で、体に染み込んで行くような印象を与える。飲み残したワインに栓をしておけば、翌日はさらに香りが立ち、味がまとまる類稀なワインだ。

8.3度未満　Overhäuser Leistenberg Riesling Kabinett 04　¥3675
ヘルマン・デーンホフ醸造所：伏見ワインビジネスコンサルティング

●アメリカ

ソノマ・カウンティ フュメ・ブラン

冷涼な気候のブドウならではの香り

カリフォルニアのなかでも涼しい地域で栽培されたソーヴィニヨン・ブラン種は、ハーブや柑橘類のような香りを漂わせる。この銘柄は、ミントや針葉樹を思わせるやや冷涼な土地で造られたワインの特性を持つ。飲み口は清涼でさらりとしていて後口には軽やかなドライ感がある。

13度　Sonoma County Fumé Blanc 03　¥3157　ベンジガー・ファミリー・ワイナリー：日本リカー

●ドイツ

ブラウネベルガー ユッファー ゾンネンウーア カビネット

感動の大きな極上リースリングワイン

ユッファー・ゾンネンウーアは、中部モーゼルに位置するブラウネベルグ区域の超一級畑。ハーク家によるブドウで造られたこの銘柄は、リースリングワインの最高峰として高く賞賛されている。透明感のある口当たりや後味の清冽さは、まさに感動のひと言に尽きる。

8度　Brauneberger Juffer-Sonnenuhr Kabinett 02　¥3308　フリッツ ハーク家：稲葉

日本でのブドウ収穫風景

● 日本

サンクゼール・シャルドネ

華やかな香りが際立つ小樽発酵の一品

長野県北信地区にあるワイナリーが、小樽発酵で醸した意欲的な銘柄。花や熟したリンゴを思わせる芳香のほか、かすかに樽のタッチがある。味わいは軽やかでシャープな酸味があり、ドライな後口に続けて、アーモンドのようなほのかな余韻を漂わせる。

15度未満　St.Cousair Chardonnay 03
¥3150　サンクゼール・ワイナリー

● 日本

高畠シャルドネ樽発酵

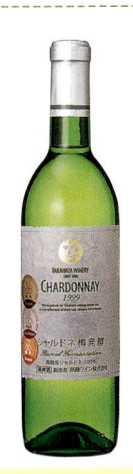

シャルドネ種の持つ香りを見事に表現

国内でも優秀なワイナリーが多い山形の銘柄で、高畠町のシャルドネを樽発酵させて造っている。香りは穏やかながらアーモンド、ワッフルのようなニュアンスがあり、シャルドネ種らしさを十分に発揮。しっとりとした飲み口で、やわらかな甘みと酸味が交錯する。

14度未満　Takahata Chardonnay 99　¥3161
高畠ワイン

● 日本

シャトー・メルシャン
長野シャルドネ

国産ワインの可能性を感じさせる一本

国産ワインの国際的地位の確立に情熱を傾けた、メルシャンの故麻井宇介氏の思いが結実した銘柄のひとつ。シャルドネ種を巧みに醸し、新鮮な果物、ハチミツ、バニラを思わせる香りを放つ。舌の上をすべるような感触があり、均整のとれた味わいが長く続く。

12度　Château Mercian Nagano Chardonnay 04
¥2625　メルシャン勝沼ワイナリー製造：メルシャン

アルゼンチンのワイナリー。気候、土壌ともにブドウ栽培に向く

● アルゼンチン

トラピチェ・フォン・ド カーブ シャルドネ

濃厚なミネラル味が感じられる

この銘柄は、1883年に創業したアルゼンチンを代表するワイナリーが手がけている。味の骨格になるのは、乾燥した気候、土壌からもたらされる凝縮したミネラル感。やわらかな味わいのなかから、マグネシウムや塩味を思わせる奥深いミネラル味が現れる。

14度 Fond de Cave Chardonnay 04
¥2111 トラピチェ社：メルシャン

● アルゼンチン

エチャート リオ・デ・プラタ シャルドネ

アルゼンチンの名ワイン産地の一品

生産地のメンドーサ州は、アルゼンチンの三大ブドウ産地で最も生産量が多く、良質なワインが造られる。シャルドネ種を使用したこの銘柄は、すべるような飲み心地と香ばしい味わいが印象的。ドライなフィニッシュの後、ミネラル味の余韻が感じられる。

13度 Etchart Rio de Plata Chardonnay 03 ¥1155
ボデガス・エチャート：ペルノ・リカール・ジャパン

●ニュージーランド
マトゥア パレタイ・ヴィンヤード・ソーヴィニヨン・ブラン

フルーツの香りと飲みやすさが持ち味

ニュージーランドではじめてソーヴィニョン・ブラン種のワインを手がけたワイナリーが、このマトゥア・ヴァレー。このワインはひと嗅ぎでレモンやナシ、モモなど、さまざまな果物の香りを感じさせる。体に染み込むようなスムーズで流れるような飲み口も印象的だ。

15度未満　Matua Paretai Vineyard Sauvignon Blanc 04　¥3675　マトゥア・ヴァレー・ワインズ：メルシャン

●ニュージーランド
クラウディー ベイ ソーヴィニヨン ブラン

フルーティな香りが凝縮されたボトル

ニュージーランドワインの可能性を示してくれる象徴的なボトル。新鮮なハーブや熟したイチジク、リンゴなどの果実香が感じられる。甘みから酸味、アルコール感、ミネラル味へと至る一連のつながりがスムーズで、飲み込んだときに新鮮な果実の香りをまき散らす。

13.5度　Cloudy Bay Sauvignon Blanc 05　¥3150
クラウディー ベイ：MHD ディアジオ モエ ヘネシー

貴重な樹皮から作られるボトルのコルク栓

良質のコルク栓の原料は、樹齢30年以上のコルク樫。10年に1度、この木の樹皮を穫って作られる。この木は栽培適地が少なく、栓の加工に数年かかるため、コルク栓は近年、品不足になりがちだ。また、ワイン生産量の5%がコルク臭(ワインの香りや味を不快にする)の影響を受けるなど、問題点もある。そこで新大陸の先取的ワイナリーでは保存熟成に支障がなく、より安心なスクリューキャップやシリコン、特殊ガラス繊維に代替する動きがある。

●南アフリカ
クリード ソーヴィニヨンブラン

自然の恵みが凝縮された白ワイン

穏やかな太陽と澄んだ涼しい風が造り出した、クリアで爽やかな味わい。シャープできれいな酸味はケープワインならではのものだ。香りはイチジク、洋ナシ、青リンゴ、ルッコラのような印象を感じさせる。ゆでたエビ、焼いたホタテなどと合わせたい。

13.5度　Credo Sauvignon Blanc 04　参考商品
オムニア ワインズ社

コクのある風味豊かな白ワイン

White Wine

凝縮されたブドウの風味に加え、なめらかでふくらみ感のある飲み心地と複雑な長い余韻を持つ。充足した一刻をもたらす印象深いタイプの銘柄だ。

- White
- Red
- Rosé
- Sparkling
- Port & Sherry

● フランス

エール ド リューセック

果物や葉巻を思わせる高貴な香り

ソーテルヌの貴腐ワインで知られるシャトー・リューセックが手がけた辛口白ワイン。レモングラスやリンゴのほか、豚の脂、上質なハバナ葉巻の保存箱を開けたときのようなさまざまな香りが漂う。飲み口は心地よく、次のひと口を飲みたくさせるなめらかさだ。

12.5度　"R" de Rieussec 03　¥2814　シャトー・リューセック：ファインズ

● フランス

ゲヴュルツトラミネール

スパイシーな香りの高さを誇る

アルザスのブドウ品種、ゲヴュルツ種はドイツ語でスパイシーなという意味。とろりとした口当たりでかすかに白コショウのような刺激を持つ。ライチやバラのような香りがあり、世界のワインのなかで最も香り高く、テイスティングの訓練にも用いられるほどだ。

13.5度　Gewürztraminer 03　¥2730　ピエール・スパー社：大榮産業

フランスではブドウ畑を持つ教会もめずらしくない

● フランス

コルトン・シャルルマーニュ

歴史上の人物と味を共有できる銘酒

カール大帝の名を冠したワインで、彼をはじめ、歴代の王族や上流階級に愛されてきた。その名のとおり、雄大で心を豊かにさせるような香りを持ち、口のなかでとろみがほぐれるごとに多彩な味や香りを発散させる。風味も余韻も強く、ひと口で長い時間楽しめる。

13.5度　Corton-Charlemagne 02　¥14700　ドメーヌ P. デュブルイユ・フォンテーヌ・ペール・エ・フィス：トーメンフーズ

● フランス

ピュリニー・モンラッシェ 一級 クラヴォワヨン

三ツ星レストラン御用達の一本

生産者は、モンラッシェを手がける7大巨頭のひとつとして知られている。フランスの三ツ星レストランには必ずといってよいほど用意されている銘柄だ。香り、味ともにやわらかで、過分な要素をすべて削ぎ落とし、いいものだけを残したような印象を受ける。

13度　Puligny-Montrachet 1er Cru Clavoillons 03　¥オープン　ドメーヌ・ルフレーヴ：ラック・コーポレーション

● フランス

シャサーニュ・モンラッシェ・プルミエ・クリュ・モルジョ・ブラン

ぎゅっと詰まった重量感のある味わい

ピュリニー・モンラッシェよりもわずかに厚みがあり、凝縮度は高い。香りは濃密でハチミツ、アーモンドクランキー、炒りゴマなどの要素を持つ。重厚な口当たりで、とろみを感じさせながら、ハチミツのような香りを発散させ、ドライなフィニッシュへと至る。

13度　Chassagne-Montrachet 1er Cru Morgeot Blanc 01　¥9240　メゾン・ニコラ・ポテル：トーメンフーズ

● フランス
ムルソー・リモザン

名醸造家が生み出すムルソーの銘酒

生産地のブルゴーニュで最も力強い白ワインが造られるムルソー。この銘柄はムルソーのマエストロと呼ばれるミシュロが手がけている。香りは穏やかで、フルーツ、ミネラル、木質などの要素が見事に調和している。迫力のある飲み口で、長い余韻が楽しめる一本だ。

13度　Meursault Limozin 03　¥7875　ドメーヌ・ミシュロ：トーメンフーズ

● フランス
プイイ・フュイッセ ヴィエイユ・ヴィーニュ

古木の魅力を十分に反映させた味わい

プイイ・フュイッセは、マコネー地区でも筆頭格の白ワイン産出地域。この銘柄は「古いブドウの木」という名称どおり、樹齢30〜60年の古木から収穫されたブドウを使用している。土地の滋味をしっかりと吸収した、シャルドネ種のやわらかな味わいが印象的だ。

13.5度　Pouilly-Fuissé Vieilles Vignes 02　¥オープン　シャトー・フュイッセ：イズミ・トレーディング・カンパニー・リミテッド

● イタリア
カステッロ・ディ・ポミーノ・ベネフィッツィオ

典型的なシャルドネ種の味わい

コクのあるスモーキーな味わいで、シャルドネ種の持ち味を最も忠実に表している銘柄。酸味はひそやかで、カラメルのような風味や、なめらかな飲み口を持つ。やわらかな甘みやアルコール感が洋ナシ、ハチミツ、焼き栗などのさまざまな香りを溶かし込んでいる。

14度　Castello di Pomino Benefizio 03　¥4095　フレスコバルディ：メルシャン

サービスも料理も最高！三ツ星レストラン

フランスの世界的なタイヤメーカーのミシュラン社が毎年発刊する『ミシュランガイド』には、レストランの格付けが掲載されていることで有名。そこには・名前も載らない・レストラン名と住所等が記載・「その地で最秀逸」の一ツ星・「遠廻りの功あり」の二ツ星、三ツ星の格付けがなされている。三ツ星は「そこに行く目的の旅に値する」約20軒で、料理素材、調理技術、ワイン・サービス、内装調度など、すべてが卓抜した超一流店だ。

●スペイン
マルケス デ アレーリャ クラシコ

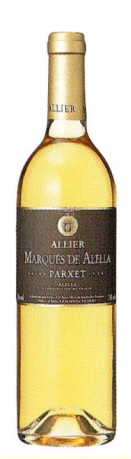

香り高きアレーリャの白ワイン

アレーリャというDOワインの産地で造られた、強い輝きを持つ白ワイン。アリエ産のフランチオーク樽で発酵、熟成させている。小樽で発酵、熟成させたシャルドネ種の白ワインに求められる香りをすべて持ち合わせた、濃密な香りとなめらかさが印象的だ。

13度　Marques De Alella Classico 03
¥1890　パルシェット社：大榮産業

●スペイン
トーレス ミルマンダ

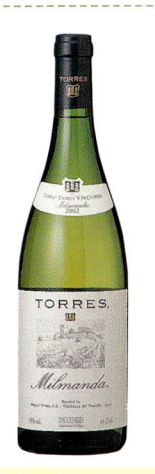

名門のフラッグシップ的白ワイン

見つけたら必ずおさえておきたいトーレス社の代表的な白ワイン。香りはハチミツ、洋ナシ、乳香、キャラメルなどのような多彩な要素を持つ。酸味や甘みといった味の要素は全体的に溶け合っていて、ドライなのに甘い不思議な味わいと余韻を楽しませてくれる。

14度　Torres Milmanda 02　¥7140　トーレス社：ファインズ

●スペイン
ルエダ・スペリオーレ

軽やかさと訴求力を兼ね備えた優品

香り高く、なめらかでクリアーな後味のワインを造るベルデホ種を使用した、ボルドーのリュルトン家によるルエダの銘柄。軽快で爽やかなだけの味になりがちなベルデホ種から、力強い味わいと持続性のある風味を十分に引き出している。見つけたら手に入れたい。

13.5度　Rueda Superior 02　¥4725　ベロンドラーデ・イ・リュルトン：ミリオン商事

●スペイン
マルケス・デ・リスカル ブランコ・レゼルバ・リムザン

高い品質を誇るリーズナブルな一品

カスティーリャ・レオン州のベルデホ種をオーク樽で醸した銘柄。とろみのある口当たりを感じさせた後に酸味と木樽からの渋みが広がり、キャラメルのような香りが漂う。手ごろな価格ながらクオリティは高く、お買い得な一本だ。

15度未満　Marqués de Riscal Blanco Reserva Limousin 02
¥1846　マルケス・デ・リスカル社：サッポロビール

●アメリカ
ロバート・モンダヴィ・カーネロス・シャルドネ

ふくらみ感と香ばしい余韻を満喫

生産地はカリフォルニアのロス・カーネロス地区。高品質のシャルドネ種だけで造られるこの銘柄は、アップルパイ、レモンドロップ、オーク樽などの香りを感じさせる。なめらかでふくらみのある口当たりを持ち、香ばしい余韻の後にドライなフィニッシュを迎える。

13.5度　Robert Mondavi Carneros Chardonnay 02
¥5261　ロバート・モンダヴィ・ワイナリー：メルシャン

●アメリカ
マーカム・シャルドネ

くっきりとした味わいを見事に演出

カリフォルニア州ナパ・ヴァレーのワイナリーが手がけた一品。輪郭がはっきりとした味わいで、ほのかな甘みとなめらかさを感じさせながら、豊かな酸味が広がる。シャルドネという品種の特性を巧みに表現した、何杯飲んでも飽きのこない上質なワインだ。

13.8度　Markham Chardonnay 03　¥5108
マーカム・ヴィンヤーズ：メルシャン

●オーストラリア
ペンフォールド・クヌンガ・ヒル・シャルドネ

次々と現れる多彩な香りが楽しい

世界的に人気の高いオーストラリアを代表するペンフォールド社が手がけた一本。香りの第一印象は穏やかで、ハーブティー、レモングラス、ほのかにアーモンドを思わせる。キメ細やかでしっとりとした舌触りを感じさせながら、果物のような澄んだ香りが広がる。

13.5度　Penfolds Koonunga Hill Chardonnay 04　¥2069　ペンフォールド社：ファインズ

●オーストラリア
グリーン・ポイント・リザーヴ・シャルドネ

コクのあるシャルドネのリザーヴ

フランスのモエ・エ・シャンドン社が設立したワイナリーによる一本。ヴィクトリア州、ヤラ・ヴァレーのシャルドネ種（リザーヴ）を使用している。スパークリングワインの原料にもなるこのワインは、張りときれいなコクがあり、白ワインとしての風格を備えている。

14度未満　Green Point Reserve Chardonnay 02　¥4410　グリーン・ポイント・ヴィンヤーズ：MHDディアジオ モエ ヘネシー

ワインを楽しみながら、歴史上の人物に思いをはせる

ワインの楽しみのひとつは、そのワインを愛でた人々と時間と空間を超えて、味わいの体験、喜びを共有できることである。とくに歴史書でしか知らない英雄や政治家、芸術家と直接、間接に結び付く銘柄を味わうときは、感慨もひとしお深い。代表的なものにシャルルマーニュ＝カール大帝、ナポレオン、モーツァルトにまつわるものがある。長い歴史をもつ銘柄や由緒あるブドウ園のワインは、その意味でタイムカプセルであり悠久のロマンなのである。

● 日本
ソラリス信州小諸 シャルドネ樽仕込

甘く香ばしい香りと木の趣が際立つ

日本を代表するワインメーカーが手がけた銘柄で、凝縮した風味をもつシャルドネを新樽で発酵、熟成させている。香りにはクッキーやカルメ焼きの香ばしい要素や、樽などを思わせる木の趣がある。ふくらみがある口当たりで、柑橘類のようなほのかな酸味を持つ。

12度　Solaris Shinshu Komoro Chardonnay 02　¥5250　マンズワイン：キッコーマン

● オーストリア
ニコライホフ　エリザベス

伝統の地で育まれたブドウを使用

ドナウ河上流域、ヴァッハウ地区のローマ人の遺跡に隣接した畑で有機無農薬栽培されたブドウを使っている。木樽で完全発酵したのち12か月間熟成させて造られる。味わいは、ミネラルなどの栄養素を地中からじっくりと吸収したことが感じられる体に優しい印象だ。

14度未満　Nikolaihof ELISABETH 03　¥6090
ニコライホフ醸造所：ファインズ

● オーストリア
シャルドネ リザーヴ リート ラドナー バリック

味わいの展開を存分に楽しみたい

ランゲンロイスのゾンホフという名醸造所による名作。香りはハチミツ、菩提樹のハーブティー、焼きリンゴのようなニュアンスを持つ。とろりとした口当たりは、みずみずしい酸味と香りを放ちながら消え、熟したフルーツの趣を長い時間にわたって残す。

13.6度　Chardonnay Reserve Ladner Barrique 98
¥4410　ユルチッチ社：エイ・ダヴリュー・エイ

●チリ
アルボレダ・シャルドネ

チリとアメリカの名門による味わい

チリの名門、ビーニャ・エラスリスとカリフォルニアの名門、ロバート・モンダヴィの共同出資で始められたワイナリーの銘柄。味の前半はやわらかで、明確な酸味とミネラル味を感じさせる。後口には柑橘類を思わせる心地よい苦みがあり、フィニッシュはドライだ。

13.5度　Arboleda Chardonnay 03　¥2111
アルボレダ：アサヒビール

●ハンガリー
フルミント・ドライ・マンデュラス

ほのかな甘みをともなう辛口白ワイン

ハンガリーでは貴腐ワインに用いられるフルミント種を辛口に仕上げている。どこかシャルドネ種に似ていて、アーモンド、ハチミツのような香りを持つ。ほのかな甘みを感じさせた後、涼しげな洗練された酸味が現れ、コクのあるドライなフィニッシュへとつながる。

13.5度　Furmint Dry Mandulas 02　¥2625
ボデガス・オレムス：ミリオン商事

最後の最後に風味を与える 樽発酵・樽熟成

樽はもともとガリア人の戦闘用イカダの浮きだったとされているが、いつしか油、酢や酒の保存器へと転用された。樽は材質と構造により、強堅でありながら、ひとりで転がして移動できる。積み上げれば、狭い空間に多量の酒の保存も可能だ。樽に使う木材からは、タンニンや防腐効果のある成分などが抽出される。同時に樽材を通して、微量に欠減凝縮しながら緩慢な酸化、熟成がもたらされる。最後のおまけとして樽の香りが付与されるのである。

●南アフリカ
プレジール・ド・メール・シャルドネ

芳醇な香りと味わいが一番の持ち味

このワインは、南アフリカ最大のワイナリーと蒸溜酒メーカーの合併によってできたディステル社の銘柄のひとつ。色合いは非常に濃く、香りはアカシアのハチミツや焼き栗を思わせる。舌触りはなめらかで、濃厚な味わいを感じさせた後にきれいな酸味が現れる。

15度未満　Plaisir De Merle Chardonnay 98
¥4088　ディステル社：サッポロビール

南アフリカの湾岸都市、ケープタウン

●南アフリカ
ミヤルスト シャルドネ

造り手の技術の粋を結集した逸品

生産者のハンス・マイバーフはドイツで醸造学を学び、シャトー・ラフィットで修行。その知識と経験が生かされたワインは、ケープワインの代表銘柄として知られている。なめらかさと一気にふくらむ濃さとオーク樽の香ばしさを備え、長い余韻を楽しませてくれる。

14度　Meerlust Chardonnay 01　¥4200
ミヤルスト エステート：JSRトレーディング

●南アフリカ
ボッシェンダル ピノ・ノワール シャルドネ

味わいのハーモニーを楽しめる秀作

赤ワイン用のピノ・ノワール種と白ワイン用のシャルドネ種を使うことで、味わいの幅を広げたユニークなワイン。香りはサクランボ、リンゴ、アーモンド、白桃などの要素を持つ。なめらかな味わいとフルーツのようなみずみずしさ、爽やかさが見事に調和した一本。

14.5度　Boschendal Pinot Noir Chardonnay 03　¥2310　ボッシェンダル：三国ワイン

White Wine

甘口・濃厚な白ワイン

ブドウの果実から引き出された甘みのほか、ビタミン、ミネラルが豊富。とろりとした口当たりを有する、体に活力と充足感をもたらすタイプ。

White
Red
Rose
Sparkling
Port & Sherry

● フランス

シャトー・スュデュイロー

明確な香りと余韻の甘みが楽しい

貴腐ワインの三大聖地のひとつ、ソーテルヌのトップ銘柄として知られている。香りはビーワックス、アーモンドなどを思わせる重厚ではっきりとした甘い香り。とろみのある感触が長く感じられた後、ハチミツやプール茶を思わせる優雅な余韻が広がる。

13.5度　Château Suduiraut 98　¥10500
シャトー・スュデュイロー：アルカン

● フランス

シャトー・ル・チボ

甘みと豊かな酸味が層をなした味わい

甘口ワインの産地として古い歴史を持つモンバジャック地区の銘柄。セミヨン種、ソーヴィニヨン・ブラン種、華やかな香りを持つミュスカデル種から造られる。豊かな酸味が甘みを支えているような印象で、フルーツ、ハーブ、ハチミツのような多彩な香りが広がる。

14度未満　Château Le Thibaut 02　¥1680（375mℓ）
シャトー・ル・チボ：オエノングループ 合同酒精

●フランス
マルク・ブレディフ・ヴーヴレイ

長い期間熟成して楽しみたいボトル

ヴーヴレイはシュナン・ブランから造られる非常に長命な白ワイン。この銘柄はドライパイナップル、モモ、ハチミツ、レモンのような甘い香りを放つ。はっきりとした甘みとそれを上回る豊かなまろみ酸味が表れ、潤いのあるややドライなフィニッシュへとつながる。

12.5度　Marc Brédif Vouvray 03　¥2625
マルク・ブレディフ：ブリストル・ジャポン

●フランス
ノブレス・デュ・タン ジュランソン・モワルー

優雅な甘みを堪能できる上品なワイン

ノブレス・デュ・タンとは高貴な時間という意味。名前どおり、上品でやわらかな甘みをたたえている。使用しているのはプティ・マンサンというこの地で長い歴史を持つ希少なブドウ品種。霜が降り始める12月まで収穫を遅らせて、糖度の高い味わいに仕上げている。

14.43度　Noblesse du Temps Jurançon Moelleux 01　¥6300　ドメーヌ・コアペ：モトックス

ワインを甘くする 10の方法 〜その1〜

甘口ワインを造る方法は、ブドウの果実内の糖度を上げる自然頼みの方法と人為的な方法に大別される。前者には①収穫を遅延する遅摘み、②果皮に特殊なカビが生じる過程で自然に脱水させる貴腐、③房を天日に干すストローワイン、④厳寒期まで果実を樹につけたまま待ち、果実内の水分だけを凍らせて濃密なエキス分を搾って発酵させたアイスワインがある。古来、天然の甘口ワインは聖なる飲み物とされ、その薬効や強壮作用も知られていた。

●フランス
ミュスカ・ド・リヴザルト ピレーヌ

大人のおやつと形容できる甘口ワイン

ヴァン・ドゥー・ナチュレル＝天然甘口ワイン。完熟させたミュスカ種を発酵させ、途中でグレープブランデーを添加することで、果汁の糖分を残している。マスカット、完熟したマスクメロンのような香りを持ち、はっきりとした強い甘みを長時間感じさせる。

15.5度　Muscat de Rivesaltes Pyrene　¥オープン　ラ・カーヴ・ド・ラベ・ルー：イズミ・トレーディング・カンパニー・リミテッド

●イタリア

モスカート・ダスティ

甘みをたたえた微発泡タイプのワイン

マスカットを100%使用したピエモンテの微発泡ワイン。炭酸ガスの軽い刺激が、ワインに残された甘みを爽やかに引き立てる。香りは紅茶やマスカット、ルバーブのジャムを連想させる。甘口だが食前にも向くうえ、フルーツや焼き菓子などにも合わせられる。

5.5度 Moscato d'Asti 04 ¥2289 ベルサーノ社：メルシャン

ワインを甘くする 10の方法 ～その2～

人為的に甘口ワインを造るのには、ブドウの果汁の糖を酵母が食い切る前に発酵を止める技法がある。⑤ポートワインのようにブランデーなどを加えてアルコール度数を高くし、発酵を止める方法、⑥発酵途中のマストを加熱して発酵を中断させる、⑦遠心分離機にかけて酵母と果汁を引き離す、⑧発酵後半に甘いブドウの果汁を混入する。それ以外の技法には、⑨逆浸透膜や加熱して果汁を濃縮する、⑩ハチミツなどほかの糖分を添加するなどがある。

●ドイツ

ツェラー・シュヴァルツェ・カッツ・Q.b.A.

黒猫がトレードマークのドイツワイン

ドイツワインの入門編といえる親しみやすい銘柄。シュヴァルツェは黒、カッツは猫。黒猫の座った樽が最もできがよいという伝説からこの名が付いたといわれる。数ある同名ワインのなかでも酸味は強くなく、ブドウの果肉を思わせるほのかな甘みをともなっている。

9度 Zeller Schwarze Katz Q.b.A. 03 ¥1449
グスタフ・アドルフ・シュミット：メルシャン

●ドイツ

アイテルスバッハー・カルトホイザーホーフベルク・リースリング・シュペートレーゼ

特徴的な性質を持ち合わせる名作

ホテル・レストランガイド『ゴー・ミヨ』の2005年版ワインガイドで、ドイツのトップに選定された生産者の一本。酸味と甘みのバランスが絶妙で、軽やかさ、清らかさなどの多彩な味の要素が溶け合う。体を癒したいときに潤いを与えてくれる優しい味わいだ。

15度未満 Eitelsbacher Karthäuserhofberg Riesling Spätlese 02 ¥5107 カルトホイザーホーフ醸造所：サッポロビール

河沿いの南向きの斜面でブドウを栽培するのがドイツの特徴だ

●ドイツ
ホッホハイマー ケーニギン ヴィクトリアベルク リースリング カビネット

女王陛下御用達のドイツの白ワイン

ケーニギン ヴィクトリアベルクとは、女王ヴィクトリアの山という意味。女王はじめ、英国王室に愛された銘柄として知られている。フルーティな香りを持つすっきれいな味わいのワインで、軽やかな味わいのなかになめらかな甘みと酸味が一体感を持って現れる。

9.6度　Hochheimer Königin Victoriaberg Riesling Kabinett 04
¥3150　フープフェルト醸造所：伏見ワインビジネスコンサルティング

●ドイツ
ファルケンベルク マドンナ カビネット

お祝いの席で好まれるやさしい味わい

飲み口のよいドイツワインをリープフラウミルヒ（聖母の乳）と呼ぶが、同社の銘柄はそのルーツともいえる一本。心地よい味わいで、甘みと入れ替わりにやわらかな酸味が現れる。マリアと幼いキリストが描かれた縁起のよいラベルなので、婚礼などで重宝されている。

15度未満　P.J.Valckenberg MADONNA Kabinett
04　¥1722　ファルケンベルク社：サントリー

Red Wine

軽快で穏やかな赤ワイン

生活必需品としてワインと親しむ国々の日常酒の色彩が強く、軽やかでフルーティな新鮮さを持つ。渋みが穏やかで気楽に飲めるタイプ。

●フランス
コート・デュ・ローヌ・パラレル45・ルージュ

ボージョレを思わせる口当たり

パラレル45とは、北緯45°の区域でブドウを栽培することに由来。多くの偉大なワインを生むローヌの代表的な生産者、ポール・ジャブレが手がけている。この銘柄は口当たりはなめらかで、ボージョレのような印象があり、赤ワインのビギナーにもおすすめだ。

13.5度 Côtes du Rhône Parallèle 45 Rouge 01
¥1848 ポール・ジャブレ・エネ:アサヒビール

●フランス
シノン ルージュ ドメーヌ デ ザルドニエール

典型的なシノンの味わいが楽しめる

シノンの協同組合が手がけた銘柄。それぞれの農家が持ち寄ったブドウを醸造した、シノンの土地柄やブドウの味わいを知るうえで興味深い一本といえる。フルーティな酸味をベースにキメ細やかな渋みを持つ。パプリカ、ピーマンの香りがするシノンらしい味わいだ。

12.5度 Chinon Rouge, Domaine des Hardonnière 03 ¥2100 カーヴ デ ヴァンドゥラブレ:大榮産業

赤ワインは日照量が多い温暖な気候の地域でさかんに造られている

●イタリア

キアンティ クラッシコ

多彩な香りが渾然一体となったボトル

キアンティのなかでもクラッシコと付いているとおり、由緒正しい香りをたたえている。ハーブ類、ハムやレバー、スパイス類など、さまざまな香りの要素が融合した印象だ。甘みとタンニンはこなれていて、多彩な香りが現れた後、ドライな後口へと展開していく。

13度　Chianti Classico 03　¥2110　チェッキ社：三国ワイン

●フランス

ボジョレ ヴィラージュ

著名ネゴシアンの力量を見事に発揮

ブルゴーニュの筆頭ネゴシアンがリリースするボジョレ。ガメイ種によるワインは、軽快な口当たりとフルーティな味わいを持つ。ブドウの個性を十分に引き出すのが得意な酒商という定評どおり、この銘柄も杯を重ねるごとに飲み手に満足を与えてくれる。

12.5度　Beaujolais Villages 03　¥1890　ジョゼフ・ドルーアン社：三国ワイン

●アメリカ
ファイアスティード ピノ・ノワール

フルーティな甘みと香りを存分に満喫

オレゴン州はフルーツ王国であり、近年高品質のワインを産出する地域として注目を集めている。このワインもその定評どおり、甘く芳しいフルーツの世界をワインに反映させている。多彩で複雑な香りを放ち、なめらかでメリハリのきいた口当たりが感じられる。

12.5度　Firesteed Pinot Noir 02　¥3150
ファイアースティード：大榮産業

●アメリカ
デリカート・メルロー

巨大ワインメーカーが手がけた一本

この銘柄は5600ヘクタールの畑を所有する、カリフォルニア最大級のワインメーカーがリリースしている。均整のとれた香りで、ブルーベリー、アッサムティーなどの要素を持つ。しっとりとして、タンニンを甘く感じさせるブドウ果実の口当たりが感じられる。

13.5度　Delicato Merlot 03　¥1166　デリカート社：アサヒビール

●アメリカ
ベリンジャー ファウンダース・エステート　ピノ・ノワール

味わいの展開が楽しい赤ワイン

ベリンジャーは、ナパ・ヴァレーの歴史あるワイナリー。この銘柄はドライ・プラムやレーズン、ベーコンなどの香りを漂わせる。重量感のある口当たりで、味がほぐれていくにつれて、フルーティな甘みやきれいな酸味、キメ細かな渋みが展開していく。

15度未満　Beringer Founder's Estate Pinot Noir 02
¥2426　ベリンジャー・ヴィンヤーズ：サッポロビール

ワインによって味わいと風味の強さが違うワケ

ワインには味わいやボディが、軽いものと強いものとがある。これは畑の場所や日照量、気温、寒暖差、土質と排水などと、面積当たりの収穫を制限するといった生産者の意図が関係する。作物の持つ水分以外の成分比率が高いほどより強く深い個性をつむぎ出すが、味と風味、余韻の強さ・長さとのふたつの要素を組み合わせると、味も風味も軽い、味も香りも強い、味は強いが風味は軽い、味は軽いが風味は強く余韻も長いものに分類できる。

樽造りも、ワインにとって大切な工程

● オーストラリア

ウィンダム・エステート BIN333 ピノ・ノワール

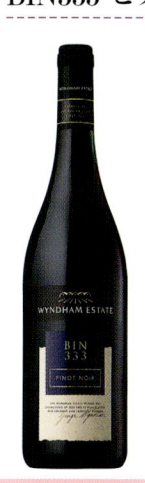

やさしい渋みと爽やかな酸味が印象的

ハンター・ヴァレーなどのピノ・ノワール種で造られた一本。香りはサクランボ、ラベンダー、ローズマリーを思わせる。よくまとまった軽やかな味わいで、ほんのりとした渋みを持ち、後口に爽やかな酸味が広がる。強い渋みをあまり望まない人におすすめしたい。

13.5度　Wyndham Estate BIN333 Pinot Noir 03　¥1943
オーランド・ウィンダム社：ペルノ・リカール・ジャパン

● オーストラリア

イエローテイル・シラーズ

リーズナブルでポピュラーな赤ワイン

オーストラリア、アメリカで大ブレイクして以降、日本でもお馴染みになっている手ごろな価格の赤ワイン。香りはプラム、ブラックベリー、カシス、ミント、ユーカリなどのようなニュアンスを持つ。渋みと甘みがこなれた味わいで、ソフトなフィニッシュに至る。

15度未満　Yellow Tail Shiraz 04　¥1050
カセラ・ワインズ・エステイト：サッポロビール

●日本

神戸ワイン スペシャル

クオリティを上げている期待の銘柄

神戸産のカベルネ・ソーヴィニョン種65％とメルロー種35％をブレンド。とくに前者の樹齢は23年になり、ブドウの品質は向上している。香りは赤ピーマンやギ板、ルバーブ、アンジェリカなどのよう。タンニンはこなれた印象で、きれいな後口につながる。買い得の一品だ。

15度未満　Kobewine Select Red　¥1228
神戸みのりの公社

●日本

奥出雲ワイン・メルロ

島根のワイナリーが手がけた限定銘柄

宍道湖から20kmほど南に位置するワイナリーの2736本限定品。メルロー100％使用の銘柄は、スミレ、ローズヒップ、ブルーベリー、甘いフラワーティーなどの香りを思わせる。口にふくむと豊かな酸味とともに軽やかにのびやかな味わいが広がる。

13.5度　Okuizumowine Merlot 03　¥2940
奥出雲葡萄園

●オーストリア

モーツァルトワイン（赤）

名作曲家の名前を冠したワイン

ウィーンを州都に持つニーダーエスタライヒ州は、オーストリアのワイン生産の6割を占め、良質な赤ワインを産することでも知られている。この銘柄は、深い色のわりに渋みが少なく、ボージョレにみられるような口当たりと酸味を感じさせる。

15度未満　Neusiedlersee-Hugelland MOZART 02
¥1575　ロイベン醸造所：サントリー

●日本

鳥居野〈赤〉

ワイン造りへの情熱が詰まったボトル

エレクトロニクスの世界的な特許を持つ企業が京都府の山合いに起こしたワイナリー。生産本数をおさえて凝縮度の高いワインを造るなど、本業に勝るとも劣らない情熱がこの銘柄からも感じられる。味わいは刺激がなく均整のとれた印象で、渋みのキメは細やかだ。

約11度　Toriino　¥2110　丹波ワイン

●チリ

ピデュコ・クリーク・メルロー オーク樽熟成

果物の力を存分に発揮した銘柄

寒暖差の大きいマウレヴァレーのメルロー種をオーク樽で12か月熟成させた銘柄。新鮮なイチゴ、カシスのような果物香を放ち、甘やかな味わいが、軽快なタンニンと爽やかな酸味を包んでいる。後口はフルーティでドライ。フルーティな味わいが好きな人に向く。

13度　Piduco Creek Merlot Oak Aged 03
¥1470　ドメーヌ・オリエンタル：モトックス

●チリ

カッシェロ・デル・ディアブロ ピノ・ノワール

チリ最大のワイナリーの手ごろな一本

製造元は4000ヘクタールの自社畑を所有するチリ最大のワイナリー。冷涼なカサブランカ・ヴァレーのピノ・ノワール種で造られたワインはモモ、プラム、熟れたトマトのような豊かな甘い香りを放つ。酸味と渋みのバランスがとれており、しっとりとした後口。

13度　Casillero del Diablo Pinot Noir 04
¥1540　コンチャ・イ・トロ：メルシャン

●南アフリカ

タンディ ピノ・ノワール

「愛」という名のアフリカ産赤ワイン

タンディとは、南アフリカの言葉で愛。人種隔離政策廃止後に生産され始めた先進国と発展途上国間の経済的不均衡を公正な貿易で是正する、フェアトレード物産のひとつだ。味わいは引き締まった印象で舌の上にのせるとつややかなケープワインの感触が楽しめる。

13.5度　Thandi　Pinot Noir 02　¥2100
タンディ ワインズ：JSRトレーディング

●ニュージーランド

ドライランズ・ピノ・ノワール

酸味とタンニンが同調した味わい

生産地はニュージーランドで最もワイン生産量の多い南島マールボロ地区。軽快な鮮紅色で、ブラックチェリー、ハム、ほのかなオークの香りを持つ。繊細なタンニンと伸びやかな酸味がシンクロナイズした、軽やかな味わいで、さらりとしたきれいな後口。

13.5度　Drylands Marlborough Pinot Noir 04
¥3360　ドライランズ・ワイナリー：ラ・ラングドシェン

Red Wine

まろやかな飲み口の艶やかな赤ワイン

ワインの原料となるブドウ品種の持ち味や産出される地方、区域の特徴が明確に現れていて、まろやかな渋みとバランスがとれた味わいのタイプ。

● フランス

ヴォーヌ ロマネ

ロマネ・コンティと同郷のボトル

ロマネ・コンティを生み出す区域の村名ワイン。木イチゴ、プラム、針葉樹の葉、ナッツなどのような澄んだ香りを持ち、口にふくむとまるく甘やかな渋みを感じさせる。舌に染み入るような甘やかな渋みを与えた後、さまざまな香りを放ちながらゆっくりと消えていく。

13度　Vosne-Romanée 02　¥8400　ジョゼフ・ドルーアン社：三国ワイン

● フランス

ヴォルネイ 一級 クロ・ド・ラ・ブス・ドール

じっくりと堪能できる上品な味わい

フランスの三ツ星レストラン御用達の赤ワイン。ドメーヌ・ド・ラ・ブス・ドールは有機農法を取り入れた、一世紀以上前のスタイルのワイン造りを行っている。渋みはまろやかな口当たりに溶け込んでいて、上品な香りと味わいがゆったりと展開していく。

13度　Volnay 1er Cru Clos de La Bousse D'or 03　¥オープン　ドメーヌ・ド・ラ・ブス・ドール：ラック・コーポレーション

●フランス
クローズ・エルミタージュ・ルージュ

ブドウの味が前面に出た後口が持ち味

フランスだけでなく、アメリカなどでも評判のローヌワインの造り手による一本。渋みのなかに甘みをたたえ、酸味の奥からやわらかさが現れるような不思議な味わいを持つ。さらりとした飲み口で、後味にブドウを皮ごと食べたときのようなフルーツ味を感じさせる。

13度　Croze Hermitage Rouge 02　¥オープン
E・ギガル：ラック・コーポレーション

●フランス
クリスチャン ムエックス ポムロール

カベルネ・フラン種の特質を見事に反映

ドルドーニュ河の右岸のポムロール地区で、伝説的生産者のムエックスが造った銘柄。カベルネ・フラン種の要素が前面に出ているイメージで、渋みのなかに潜んだ甘みが徐々に現れる。栓を抜き、グラスに注いで数分待つとフルーティな甘い香りが広がっていく。

12.5度　Christian Moueix "Pomerol" 02　¥3255
J・P・ムエックス社：MHD ディアジオ モエ ヘネシー

●フランス
シャトー ピュイ ブランケ

世界遺産に指定された土地の一品

生産地はローマ時代の遺跡が残り、世界遺産にも指定されているサンテミリオン地域。渋みがやわらかなメルロー種とややドライなカベルネ・フラン種をブレンドしている。この地域の石灰岩土壌の区画で栽培されたブドウらしい、軽やかで繊細な口当たりが印象的。

12.5度　Château Puy Blanquet 99　¥3465
ジャン・ピエール・ムエックス社：MHD ディアジオ モエ ヘネシー

●フランス
ジヴリー セリエ オー モアンヌ

ふんわりとした口当たりが秀逸

コート・シャロネーズのワインは赤・白ともに軽やかで上質なものが多いが、この銘柄もそのひとつ。透明感を持ちつつ、イチゴ、サクランボなどのような明確な香りも感じられる。ふわふわとした口当たりで、細やかな酸味とこなされた渋みがきれいに融和している。

13度　Givry Cellier aux Moines 99　¥3360
ドメーヌ・テナー：MHD ディアジオ モエ ヘネシー

● フランス

パヴィヨン ルージュ デュ シャトー マルゴー

品位や風格を色濃く感じさせる一本

世界最高峰の赤ワインと評判の高いシャトー・マルゴーのセカンドラベル。複雑かつ優雅な香りを持ち、渋みや酸味、甘みなどが層を成したような厚みのある味わいを感じさせる。偉大なワインのイメージを彷彿とさせながら、比較的お手軽に楽しめる銘柄だ。

13度　Pavillon Rouge du Château Margaux 03　¥11834　シャトー マルゴー：ファインズ

赤ワインの色はブドウの果皮によるもの

● フランス

メルキュレ・プルミエ・クリュ・クロ・デ・バロール

コート・シャロネーズの名手の味わい

ブルゴーニュの最南端、コート・シャロネーズ地区で名手ミシェル・ジュイヨが手がけた銘柄。清涼感のある香りと繊細な酸味とタンニンを持ち、軽やかな味わいのなかにフルーティな風味が感じられる。グラスに注いで3〜5分たつと味と香りがより広がり華やぐ。

13度　Mercurey 1er Cru Clos des Barraults 01　¥6300　ドメーヌ・ミシェル・ジュイヨ：トーメンフーズ

● フランス

ブルゴーニュ・ルージュ・ボン・バトン

古き良きブルゴーニュの味が楽しめる

名手、P・ルクレールが手がけたACワイン。復古調ブルゴーニュワインの見本ともいえるボトルで、渋みの後にフルーティな味わいがもたらされる。一瞬現れる醤油やトリュフの香りが消えると、干した木イチゴ、チェリーパイ、ビーツなどの香りが感じられる。

13度　Bourgogne Rouge Bons Bâtons 02　¥オープン　フィリップ・レクレール：ラック・コーポレーション

●イタリア

テヌータ・ディ・リリアーノ キャンティ・クラッシコ

甘みをたたえた辛口の赤ワイン

干しブドウ、よもぎ、長熟させたブランデーのような香りを漂わせるワイン。ドライなのに甘みのある味わいで、醸造温度や果皮の醸し方などの、技術の高さを感じさせる。渋みは豊かなのにしっとりとした後口で、ブルーベリージャムのような余韻が広がる。

15度未満　Tenuta di Lilliano Chianti Classico 03
¥2321　リリアーノぶどう園：サッポロビール

●イタリア

テッサーノ・サン・マリノ・リゼルヴァ

フルーティな甘い香りを満喫できる

リゾート地として有名なサンマリノ共和国の上質なサンジョベーゼ種を用いたワイン。甘い香りを持ち、モモ、プラム、ハチミツなどを思わせる。ふくらむようなボリューム感があり、ミントやローズマリーのような余韻を残しながら、ドライなフィニッシュへと続く。

14度　Tessano San Marino Riserva 00
¥5000　サン・マリノ ワイン協会：豊田通商

ワインの味わいや価値は人それぞれ異なるもの

たとえば、皿や椀などの食器が、普段使いのものや少し気取ったときの食器、工芸品や美術品、由緒ある骨董品などに分類できるように、ワインにはさまざまな飲まれ方や価値観がある。安価で気軽に楽しめるもの日常用のものから、長く手元に置いて熟成させ、とっておきの日に楽しむもの、所有していることに意味があるものまで、それぞれに扱い方も味わう気分も違うはず。もちろん、人によってもワインの価値観は大きく異なるだろう。

●イタリア

バルバレスコ

よく馴染んだ酸味とタンニンが印象的

ネッビオーロ種から造られた、ピエモンテ州の由緒あるDOCGワイン。透明感のある香りで、タイム、ローリエ、干しブドウ、プラムなどの要素を感じさせる。キメ細やかな酸味とタンニンには一体感があり、乾燥させたハーブ類のような美しい余韻が訪れる。

13.5度　Barbaresco 99　¥4830　ベルサーノ：メルシャン

●スペイン
モナステリオ・デ・サンタ・アナ シラー

低価格ながら極めて上質の味わい

ムルシア州の高地で栽培されたシラー種だけを使用。香りは小豆、ビターチョコレート、ローズマリー、パプリカなどの印象を受ける。タンニンは非常にまろく、その価格からは信じられないほどのふくらみ感、風味の長さ、なめらかさを持つ。断然お買い得の一本だ。

14度 Monasterio de Santa Ana Syrah 04 ￥1418
ボデガス・カサ・デ・ラ・エルミータ社：モトックス

●スペイン
マルケス・デ・リスカル ティント・レゼルバ

ボルドーのスタイルが色濃く残る

リオハのワインはやわらかで飲み口のよいのが特徴。フィロキセラの被害を受けて一時的にリオハに身を置いたボルドーの醸造家たちのスタイルが今も息づいている。この銘柄も上品な味わいで、焼いたチーズや焦がしたベーコンのような熟成感の余韻が長く続く。

15度未満 Marqués de Riscal Tinto Reserva 00
￥1370（375ml） マルケス・デ・リスカル：サッポロビール

●オーストラリア
イーグルホーク カベルネ・ソーヴィニヨン

後味の渋みがどことなく懐かしい

アボリジニーの神で、強さ無敵の象徴であるワシを名前に取り入れた銘柄。ブラックチェリーのほか、ほのかにユーカリ、ミントのような芳香を漂わせる。口当たりはなめらかで引っ掛かりがなく、後口に上質な日本の煎茶を思わせる渋みを感じさせる。

15度未満 Eaglehawk Cabernet Sauvignon 04 ￥1050 ウルフ・ブラス社：メルシャン

●アメリカ
サンジョヴェーゼ

カリフォルニア版のキアンティ

生産者は1995年にナパ・ヴァレーに創業したルナ・ヴィンヤーズ。このワインはきれいな味わいで、まるいタンニンを感じさせてからドライな後口へと続く。やわらかでみずみずしい口当たりはトスカーナのサンジョヴェーゼ種で造るキアンティを彷彿とさせる。

14.9度 Sangiovese 02 ￥3675 ルナ・ヴィンヤーズ：中川ワイン販売

●オーストラリア
パイパースブルック・ピノ・ノワール

飲みごたえ満点の凝縮した味わい

生産地であるタスマニア島のパイパース峡谷は、オーストラリアでもいち押しのワイン産出地域。冷涼かつ陽光の強さがせめぎ合う場所で、このワインも風味豊かな味わいに仕上がっている。飲みごたえのある濃密さを感じさせた後、果物を思わせる余韻が訪れる。

13.5度　Pipers Brook Pinot Noir 03　¥3780　パイパースブルック・エステート：ヴィレッジ・セラーズ

●オーストラリア
コールドストリーム ヒルズ ピノ ノワール

ワイン評論家が世に送る珠玉の味わい

著名なワイン評論家のJ・ハリデーが手がけたワイナリーの銘柄で多くの賞を受賞している。ブラックチェリー、イチジクなどを思わせるやわらかな香りは、ブルゴーニュワインよりブルゴーニュらしいイメージ。まろやかつ精緻な味わいで長い余韻が感じられる。

13.5度　Coldstream Hills Pinot Noir 04　¥3476
コールドストリーム ヒルズ：ファームストン

●日本
サントリー登美の丘ワイナリー　見晴らし台園 カベルネソーヴィニヨン

味の要素が融合したきれいな飲み口

酸味と渋み、アルコール感が完全に溶け合い、スムースな飲み口。香りはチョコレートボンボン、干しブドウ、サンザシ、ハイビスカスティ、ナツメグなどの要素を感じさせる。ちなみにこのワイナリーでは生産者のガイド付きでワイナリー見学ができる。

14度未満　Suntory Tomi No Oka Winery Miharashidaien Cabernet Sauvignon 97　¥5261　サントリー

●日本
コリーヌ・セレクション・ルージュ・ゴールド メルロー＆カベルネ・ソーヴィニヨン

リーズナブルで質の高い国産赤ワイン

長野のメルロー種と山梨のカベルネ・ソーヴィニヨン種をブレンドしている。香りはブルーベリー、ふかした紫イモ、タイムのようなイメージ。タンニンはキメ細やかで、ブルーベリージャムを思わせる余韻が続く。高品質な国産のワインとしてはお手ごろな価格だ。

15度未満　Colline Selection Rouge Gold Merlot & Cabernet Sauvignon 00　¥2110　大和葡萄酒

●日本

シャトー ブリヤン 赤

洗練された上質のブドウの味を満喫

1917年に甲府に創業された老舗ワイナリーのフラッグシップワイン。輝かしい醸造館という意味の銘柄は、上質なブドウを荒削りな要素がとれるまで、しっかりと熟成させている。なめらかさや甘みのなかに溶け込んだ、のびやかでシルキーな渋みが印象的。

15度未満　Château Brillant 97　¥3990　サドヤ醸造場

●日本

シャトー・タケダ 赤

スモーキーな余韻が楽しめる

メルロー種とカベルネ・ソーヴィニヨン種のブレンド。凝縮したブドウからもたらされる香ばしさとトースティな香りに、ヤマブドウ、焼きリンゴなどの風味が加わる。味わいはタンニンが豊かでキメ細かくなめらか。きれいな飲み口でいぶしたような余韻が感じられる。

11.7度　Château Takeda 01　¥5250　タケダワイナリー

●日本

高畠メルロ

立ち現れる果物や花の余韻が特徴的

山形県高畠町のメルロー種だけを使い、16か月フレンチオークの樽で熟成させている。味わいは、キメ細やかなタンニンと豊かな酸味が調和した印象だ。酸味が薄らいでいくのと同時に、それまで潜んでいたイチゴやスミレ、モカコーヒーを思わせる余韻が現れる。

14度未満　Takahata Merlot 01　¥2636　高畠ワイン

●日本

シャトー・メルシャン 長野メルロー

口にしたときの感動が大きな銘柄

このボトルを手がけているワイナリーは、近年評価を高めている国内ワイナリーのなかでも先導役を果たしている。この銘柄にはキメ細かな味わいや、口にふくむとおいしさで思わず笑顔が出てしまうような明確なアピール力がある。か細いながら長い余韻を感じさせてくれるところも秀逸だ。

11度　Château Mercian Nagano Merlot 01　¥3150　メルシャン勝沼ワイナリー：メルシャン

●ポルトガル
ダンワイン グラン ヴァスコ（赤）

清涼感あふれる香りが際立つボトル

マテウス ロゼで有名なソグラペ社が手がけた赤ワイン。ポートワインにも用いられるトゥーリガ・ナッシオナル種にジャエン種をブレンドして、まるくやわらかな味に仕上げている。香りは涼やかな印象で、干しブドウ、ナッツ、ルバーブのような要素を思わせる。

15度未満　Dao Grao Vasco 01　¥1334
ソグラペ社：サントリー

●日本
レザンファン カベルネフラン

国際的に高い評価を得ている秀作

国際コンクールの上位入賞ワイナリーの常連として知られるルミエールのワイン。やわらかくスムーズな飲み口で、キメ細やかなタンニンが舌の上をすべるように伸びていく。後口にはフレッシュ感があり、口のなかをさっぱりと洗い流すきれいな飲み心地だ。

15度未満　Les' enfants Cabernet Franc 04
¥1890　ルミエール

赤ワインに豊富といわれるポリフェノールの正体

茶類や赤ワインに見られる色素と渋み（カテキン、タンニン）、ポリフェノール類はすべての植物に含まれ、4000種あるといわれる。これには水溶性・温水溶性のものとアルコールに溶ける性質のものがあり、脱水作用やタンパク質を固める作用、油脂を乳化させて水に溶けやすくする作用がある。赤ワインの渋みは果皮、種子、木樽からもたらされるが、この渋味は醸造家の技術と熟成の条件によって、繊細まろやかな「甘い渋み」が楽しめるのである。

●オーストリア
ドメーネ・ミューラー・デル・カベルネ・ソーヴィニヨン

澄んだ味わいのオーストリアの銘柄

生産者は南シュタイヤーマルクではじめてカベルネ・ソーヴィニヨン種のワインを造った、ドメーネ・ミューラー。香りは高く明確でイチゴ、スモモ、バニラのような要素を持つ。これ以上ないほどのキメ細かなタンニンと涼しげな酸味を感じさせた後、長い余韻が残る。

13.5度　Domäne Müller Der Cabernet Sauvignon 01
¥5145　ドメーネ・ミューラー：エイ・ダヴリュー・エイ

●アルゼンチン

エチャート リオ・デ・プラタ カベルネ・ソーヴィニヨン

牛肉を使った料理と一緒に味わいたい

生産地はアルゼンチンのメンドーサ州。アルゼンチンは人口の4倍近い牛が飼育されているといわれるが、このワインは牛肉と抜群の相性を誇る。活発なタンニンを感じさせる口当たりで余韻はドライ。ほのかに塩っぽいミネラル感を残す。ステーキにぴったりだ。

13度 Etchart Rio de Plata Cabernet Sauvignon 03 ￥1155　ボデガス・エチャート：ペルノ・リカール・ジャパン

●ギリシャ

アメジストス 赤

ユニークな名前のギリシャワイン

ボトル名は宝石のアメジストと、酔っ払わないという意味の言葉をかけ合わせて付けられている。ギリシャには松ヤニの風味を付けたレッツィーナという古典的ワインがあるが、この銘柄は国際級のタイプ。豊かさと涼しさが入り混ざったような香りと味わいを漂わせる。

13度 Amethystos Regional Wine of Macedonia 02 ￥オープン
ドメーヌ・コスタ・ラザリディ：イズミ・トレーディング・カンパニー・リミテッド

●ニュージーランド

クオーツ・リーフ・ピノ・ノワール

繊細ながらも充実した味が楽しめる

南島の南部の山中に位置するセントラル・オタゴのピノ・ノワール種を使用している。寒暖の差の大きな冷涼な畑でじっくりと育ったブドウは、密度の高い味わいで、味の構造は緻密でキメ細やか。口のなかでチェリーやスモーキーな香りがいっぱいに広がる。

14.5度 Quartz Reef Pinot Noir 03 ￥5670
クオーツ・リーフ・ワイナリー：アルカン

●アルゼンチン

カテナ アラモス カベルネ ソーヴィニヨン

多彩な香りとほどよい熟成感

フレンチオークとアメリカンオークの樽で9ヵ月熟成。薪であぶり焼きされている肉を思わせるスモーキーさと焼けたライ麦のパン、干したプラムの香りが混在している。まるい飲み口の後から、やわらかな渋みと酸味が、味わいの余韻となる。

13度 Catena Alamos Cabernet Sauvignon 02
￥2195 カテナ社:ファインズ

186

Red Wine

コクのある風味豊かな赤ワイン

ブドウの風味が凝縮され、なめらかさとボリューム感のある口当たり。複雑で長い余韻を感じさせ、至福をもたらしてくれる印象深いタイプ。

White
Red
Rose
Sparkling
Port & Sherry

● フランス

カオール（シャトー ド ケー）

黒いワインという異名をもつ南仏の赤

南仏でさかんに栽培されているマルベック種を使用。色合いが非常に濃く、かつては「黒いワイン」と呼ばれていた。香りはスパイス、松の材木、馬の皮革を思わせる重厚なイメージ。最初に豊かな渋みを感じさせるが、後半はなめらかな口当たりに転じる。

15度未満　Château de Caiy Cahors 02　¥2940
シャトー ド ケー：ファインズ

● フランス

コート・ロティ

高い香りと長く感じられる余韻が秀逸

ローヌ区域の畑のなかで最も凝縮感があり、香り高いブドウを使用している。香りはオレンジピール、干しアプリコット、杉板などの印象。まるくふくらむような舌触りで、さまざまな味わいの要素がなめらかにほぐれて広がり、深みのある長い余韻を感じさせる。

12度　Côte-Rôtie 00　¥6825　ドメーヌ クリューゼル・ロック：大榮産業

●フランス

シャトー カノン・ラ・ギャフリエール

質の高い芳香と余韻を合わせ持つ

ブドウ畑は、稀少で高価なラ・モンドットなどのシャトーを運営しているオーナーが所有。この銘柄は非常に濃く繊細な香りを漂わせ、上質のコニャック、タラゴン、乳香などの余韻が残る。2～3年熟成を待てばさらに渋みが取れ、つやのある味わいが楽しめる。

13度　Château Canon-La-Gaffelière 96　¥15698
シャトー カノン・ラ・ギャフリエール：ファインズ

●フランス

コルナス

人と自然に優しいワイン造りを実感

この銘柄を手がけているのは、先進的な有機農法に取り組むナチュラル志向のワイナリー。がっしりとした渋み、豊かな酸味、力強さのバランスが絶妙で、コート・デュ・ローヌのシラー種の長所を見事に反映している。また、点字が刻印されたラベルも特徴的だ。

13度　Cornas 03　¥5572　M・シャプティエ：日本リカー

●フランス

シャトー・ソシアンド・マレ

トラディショナルなボルドーの味わい

オー・メドックのなかでも古き良きボルドーの伝統を残すワイナリーが造ったボトル。昔ながらのブドウの仕立て、ブドウ栽培、醸造で仕上げたワインは、野性味のある香りと力強い味わいを持つ。角がない飲み口で、体に染みわたるようなスムーズさが感じられる。

12.55度　Château Sociando-Mallet 02　¥7350
シャトー・ソシアンド・マレ：モトックス

●フランス

シャトー・シオラック

上質なブドウの香りを見事に反映

生産地はポムロールに隣接するラランド・ポムロール。ポムロールの評価の高まりとともに投資がさかんになり、近年品質が急速に向上している。この銘柄は澄んだ香りで、ブドウの質の高さを感じさせる。シナモンのような香りをたたえたタンニンも印象深い。

13.5度　Château Siaurac 01　¥4207
J・P・ムエックス：日本リカー

●フランス
ジュヴレ・シャンベルタン・シャンポー

男性的なブルゴーニュの一級ワイン

P.ルクレールが所有する一級畑のレ・シャンポーで栽培されたブドウを使用。全体的に燻じた風味があり、干しブドウ、クルミ、キノコなどの複雑な香りを持つ。ブルゴーニュのワインらしい男性的な力強い口当たりを感じさせた瞬間、まるく甘やかにほぐれていく。

14度　Gevrey Chambertin Champeaux 01　¥8000
(参考価格)　フィリップ・ルクレール：エイ・エム・ズィー

●フランス
シャトー・デュ・ドメーヌ・ド・レグリーズ

心和らぐような香りをじっくりと堪能

ポムロール地区のワインで、メルロー種の比率の高い一本。幽玄な香りを持ち、飲む者の気持ちを和らげてくれる。タンニンは豊かなのに渋みを感じさせない印象、穏やかに味わいが展開していく。しみじみと味わえば、上質の時間を提供してくれるだろう。

12.5度　Château du Domaine de L'Eglise 98
¥6310　ボリー・マヌー：キッコーマン

●イタリア
フレスコバルディ カステル・ジョコンド

味と香りが見事に一体化した銘酒

1300年代からワイン造りを行っている名門、フレスコバルディが手がけたイタリアを代表する銘酒のひとつ。さまざまな味や香りの要素は完全に溶け込んだ印象を受ける。飲み口は極めてスムーズで、上質の生ハム、コショウを思わせる非常に長い余韻が訪れる。

14度　Castel Giocondo 99　¥7350　フレスコバルディ：メルシャン

●イタリア
カステッロ・ディ・ニポッツァーノ・リゼルヴァ

大人の香りを漂わせる名門のボトル

700年の歴史を持つ由緒あるワイナリーが手がけたDOCGワイン。干しブドウや皮革、エスプレッソコーヒーのような芳香を漂わせる大人の一本だ。豊かなタンニン、なめらかでみずみずしい後口などキアンティの魅力を十分に感じさせてくれる。

13度　Castello di Nipozzano Riserva 01
¥3045　フレスコバルディ：メルシャン

●イタリア
バルバレスコ

ピエモンテのなかの抜きん出た一本

銘酒ひしめくピエモンテ州のなかでも、バルバレスコはトップクラスの地位を誇る。香りは干した果物や新鮮なハーブ、焼けたクッキーを思わせる甘い匂いなどが融合。味わいは爽やかさ、力強さ、なめらかさなどの要素が、グラスのなかで調和しているイメージだ。

14度未満　Barbaresco D.O.C.G. 99　¥オープン　フォンタナフレッダ社：モンテ物産

●イタリア
ネッビオロ・ダルバ・オケッティ

ふくらみ感の強いアルバの赤ワイン

生産者のプルノットは、アルバでは一目置かれる優良ワイナリー。この銘柄は岩海苔、アーモンド、木イチゴ、バジリコを思わせる香りを放つ。アルコール感、渋み、とろみ、酸味などが調和した味わいで、口にふくむと舌を押し下げるような力強いふくらみを持つ。

13.5度　Nebbiolo d'Alba Occhetti 01　¥4200　プルノット：アサヒビール

●イタリア
プルーノ

スパイシーな香りをじっくりと楽しむ

エミリア・ロマーニャ州のサンジョベーゼ種で造ったワイン。香りは秀逸で、黒コショウ、シナモン、クミンなどを思わせるスパイシーなニュアンスにイチゴのジャムのような甘い香りが加わっている。デキャンターに移し、充分に空気にふれさせてから楽しみたい。

14.25度　Pruno 01　¥3990　ドレイ・ドナ テヌータ・ラ・パラッツァ：モトックス

●イタリア
バローロ

多彩な香りの競演を十分に楽しめる

イタリアの代表的赤ワインとして有名なバローロのひとつ。このDOCGワインは土や木、干した果物など、さまざまな香りの要素が凝縮した印象だ。香りを楽しむだけでも価値のある一本なので、デキャンタージュした後、大ぶりのグラスに注いで味わいたい。

13.5度　Barolo 99　¥6101　プルノット：アサヒビール

●イタリア
ルフィーノ キャンティ クラッシコ リゼルヴァ ドゥカーレ ゴールド

印象深い味わいを持つキアンティの秀作

優れたキアンティを扱うことで有名なルフィーノ社のDOCGワイン。香りは特徴的で、上質のビターチョコレート、スモークハム、焦がしたウメなどを思わせる。濃密かつ繊細な味わいで、キアンティに必要な要素をすべて兼ね備えた一本といっても過言ではない。

15度未満　Ruffino Chianti Classico Riserva Ducale Gold 00　¥4442　ルフィーノ社：ファインズ

●イタリア
ブルネッロ・ディ・モンタルチーノ

エレガントな芳香をたたえた一本

バンフィ社のフラッグシップワインで、ハーブ、お香、肉、トリュフなどを思わせる複雑かつ高貴な香りを放つ。タンニン、甘み、酸味、うまみといった味わいの要素は、舌の上でとろりとまとまる。しっとりとした後口に現れるよく練れたタンニンの甘みも印象深い。

13度　Brunello di Montalcino D.O.C.G. 99　¥オープン　バンフィ社：モンテ物産

●スペイン
ベロニア・グラン・レセルバ

若さと熟成感が共存したリオハの赤

リオハのワインのなかでもこの銘柄は、若々しさと熟成感の両方が楽しめるモダンなタイプ。老熟するまで自家セラーでじっくりと熟成を待つ従来のタイプに対して、この銘柄は出荷時期を早めることで、重厚さと繊細さを持ち合わせた絶妙な味わいに仕上げている。

13度　Beronia Gran Reserva 95　¥3686　ベロニア社：メルシャン

●スペイン
トーレス グラン サングレ デ トロ

名門トーレス社が世に送る代表的銘柄

トーレス社のフラッグシップ的存在の赤ワインで、偉大なる牡牛の血という意味の名を持つ。ガルナッチャ種やカリニャン種などをブレンドしたこの銘柄は、ふくよかで力強い味わい。タンニンはまるく穏やかで、ドライ過ぎないしっとりとした後口につながる。

15度未満　Torres　Gran Sangre de Toro 00　¥2394　トーレス社：サントリー

●アメリカ
リッジ・カベルネ サンタクルーズ マウンテンズ

じっくりと熟成を待って楽しみたい

カベルネ・ソーヴィニヨン種を主体にメルロー種、プティ・ベルドー種をブレンドした、長期熟成向きの一本。やわらかで朗々と香る芳香があり、大物の風格を漂わせる。精緻でシルクのような風合いの飲み口を感じさせた後、フルーツや木を思わせる長い余韻へと続く。

12.7度　Ridge Cabernet Santa Cruz Mountains 99　¥5775　リッジ ヴィンヤーズ：大塚食品

●アメリカ
ベンジガー ソノマ・カウンティ メルロー

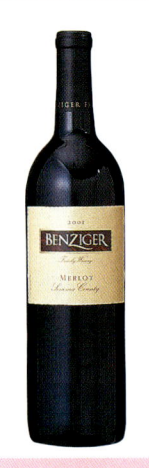

迫力満点のアピール力が持ち味

カリフォルニアのソノマで造られたワインは、湧き上がるような迫力を持った香りが特徴的。チョコレート、ココナッツ、カスタードプリンのような香りの要素が飛び出すように次々と現れる。飲み口は甘くまろやかで、飲み手に訴えてくるような力強い押しを持つ。

13.5度　Sonoma County Merlot 01　¥3787
ベンジガー・ファミリー・ワイナリー：日本リカー

●アメリカ
ロバート・モンダヴィ・カーネロス・ピノ・ノワール

ピノ・ノワール種の魅力が詰まった一品

カリフォルニアのなかでピノ・ノワールの栽培最適地といわれるカーネロス地域の代表的銘柄。香りはブラックチェリー、セージ、ヘーゼルナッツなどの要素を持つ。味わいの第一印象は緻密で軽やかだが、次第に迫力のある味わいへと展開し、長い余韻へと続く。

13.5度　Robert Mondavi Carneros Pinot Noir 99
¥5261　ロバート・モンダヴィ・ワイナリー：メルシャン

赤ワインと合わせるなら どんな料理がいいのか

料理のなかに隠れ潜んでいるいろいろな香りや味わい、うまみと栄養素には水溶性と油溶性のものがある。動物性の油に味わいを閉じ込めた食材やソースは口内の温度だけでは溶けにくい性質のものがあり、タンニンを含んだ茶や酒が必要になる。赤ワインの酸味とアルコールが油やゼラチンを溶けやすくし、渋みが脂を乳化させ、水溶性に変化。すると、潜んでいた香りと味わいが引き出され、同時にワインの風味と合体したハーモニーを生み出す。

●オーストラリア
ローズマウント・エステート・トラディショナル

重厚さと爽やかさが混在する

世界中に高品質かつ安定的にワインを供給できる稀有なワイナリー。どっしりとした風格ある香りのなかにミントやヒマラヤ杉の涼しげな香りも感じられる。カベルネ・ソーヴィニョン種、メルロー種、プティ・ベルドー種をブレンドしている。満足度の高い一品だ。

14.5度　Rosemount Estate Traditional 02
¥2940　ローズマウント・エステート:アサヒビール

●オーストラリア
ウルフ・ブラス　イエローラベル　シラーズ

力みなぎるようなパワフルな味わい

オーストラリアのシラー種から造られたワインは、スパイシーさ、凝縮感、力強さを感じさせる。この銘柄は骨太な味ながらタンニンの構成が緻密で、中盤から、やわらかさとブドウの持つ甘やかさが現れる。体にエネルギーを与えてくれるような後口も印象的だ。

14度　Wolf Blass Yellow Label Shiraz 02
¥2258　ウルフ・ブラス:メルシャン

●日本
グランポレール 長野古里ぶどう園　カベルネ・ソーヴィニヨン2003(赤)

すばらしい味わいをもつ新星

この銘柄はリリースされたばかりであるが、飲みごたえのあるワインの片鱗を見せている。明るくなめらかな酸味を包み込むようなふくよかさと豊かなタンニンが混在する。しっかりとしたコクがあるが喉越しはなめらか。国産ワインのなかでは賞讃に値する逸品だ。

14度未満　Grande Polaire Nagano Furusato Vineyard Cabernet Sauvignon 03　¥3010　サッポロビール

●日本
キュヴェ三澤 赤　プライベート・リザーブ

世界のトップワインに肩を並べる名品

ブドウは、勝沼町の鳥平地区南西の水はけがよく、日照量に恵まれた海抜高度の高い畑で栽培。味わいは凝縮度が高く、緻密でがっしりした第一印象だが、舌の上にのると、ほどけるようにさまざまな味と香りを放つ。世界のトップレベルのワインに肉薄する一本だ。

12.3度　Cuvée Misawa Private Reserve 01
¥10500　中央葡萄酒

●チリ
ウンドラーガ ファウンダース・コレクション

飲むほどに力強い味わいが実感できる

チリワインの聖地、マイポヴァレーで醸された、カベルネ・ソーヴィニヨン種100％のワイン。酸味を軸として渋み、甘み、アルコール感がまとまったような骨太の味わいが感じられる。飲み進むうちにフルーティさと樽の風味、動物的な味わいが一体となって現れる。

15度未満　Undurraga Founder's Collection 02
¥3675　ウンドラーガ社：サッポロビール

●オーストリア
ベラティナ バリック

スパイシーな印象の長期熟成型ワイン

タンニンが豊富で、スパイシーな香りのワインを造るブラウフレンキッシュ種をメインに使用。満足度の高い味わいで、渋みと一緒にキメ細やかで豊かな酸味が口いっぱいに広がる。長期熟成向きのワインなので、あと5～10年は熟成させて見守りたい。

13.5度　Vertina Barrique 00　¥4515　ヴァイングート ベニガー：エイ・ダヴリュー・エイ

●南アフリカ
フィルハーレヘン・カベルネ・ソーヴィニヨン

南アフリカの老舗が手がけた名品

1700年に創設された南アフリカで最も古いワイナリーの銘柄。凝縮度が高くドライながら、しっとりとした飲み口で甘味を感じさせる。余韻は長く、干した果物やスパイスなどが調和しているイメージ。まさに銘酒の条件をすべて備えたじっくり味わいたい一本。

14.5度　Vergelegen Cabernet Sauvignon 00
¥4735　フィルハーレヘン：三国ワイン

●チリ
サンタディグナ カベルネ・ソーヴィニヨン

ブドウの持つ香りの魅力を十分に発揮

黒スグリ、ブラックベリー、熟したプラム、スギ、黒コショウなど、カベルネ・ソーヴィニヨン種特有の香りを持つ。磁味を感じさせるコクがある力強い味わいで、余韻はスパイシー。飲む前にデキャンタージュしておくとタンニンがまるくなり、香りがさらに引き立つ。

14度　Santa Digna Cabernet Sauvignon 03
¥1585　ミゲル・トーレス・チリ：三国ワイン

南アフリカにあるワイナリーの貯蔵風景

●南アフリカ
クリード カベルネ ソーヴィニヨン

多彩な味わいの要素が舌の上で広がる

紫外線が強く、寒暖の差が大きな土地の凝縮度の高いブドウで造られた、ケープワインのひとつ。香りはカシスやオレンジのジャム、薪の煙などの要素を感じさせる。濃厚な味わいで、舌の上でほぐれると、やわらかな酸味となめらかな渋みが広がる。

14度　Credo Cabernet Sauvignon 03　参考商品
オムニア ワインズ社

●南アフリカ
ミヤルスト メルロー

ブドウのよい部分だけを抽出した印象

ステレンボッシュ地区で350年の歴史を持つ名門ワイナリーが生産。100%メルロー一種で、香りからは、ブドウの実のおいしい部分だけをワインにしたようなイメージを受ける。力強い味わいの後、ヒッコリー（くるみの一種）や栗の木をスモークしたような余韻が長くたなびく。

13.5度　Meerlust Merlot 02　¥5040
ミヤルスト エステート：JSRトレーディング

●南アフリカ
フリーゼンホフ ピノ・ノワール

日本初上陸の要チェックワイン

ステレンボッシュ地区で造られた銘柄で、2005年に日本に初登場。強い香りを持ち、ピノ・ノワール種のワインのなかでは異彩を放つ存在だ。多彩な香りと味の要素が舌にのせた瞬間に押し寄せてくる印象で、ブラックチェリーや焼けた薪のような余韻が続く。

13度　Vrisenhof Pinot Noir 03　¥5250
フリーゼンホフ ヴィンヤーズ：JRSトレーディング

Rose Wine 鮮やかな味わいのロゼワイン

おもに赤ワイン用ブドウ品種から造られる赤ワインの一形態。淡紅色で、爽快な酸味がほのかな渋みを引き立てる。時と場所を選ばないワインだ。

White / Red / **Rose** / Sparkling / Port & Sherry

● フランス
タヴェル

世界で最も馴染み深いロゼのボトル

タヴェルは世界的に高名なローヌのロゼの産出地域。なかでもこの銘柄はタヴェルのトップ銘柄のひとつとして知られている。香りは粒あん、プラム、タラゴンなどの要素を持つ。引き締まったまとまりのある味わいで、わずかなタンニンが舌をリフレッシュしてくれる。

13度　Tavel 03　¥2677　シャトー・ダケリア：JALUX

● フランス
バユオー カベルネ ダンジュ

親しみがわく、ほのかな甘みのロゼ

生産地のアンジューは、ほのかな甘みを持ち、親しみやすいロゼワインが造られる産地。この銘柄は、ジェリー・ビーンズ、フルーツゼリーを思わせるほのかな甘い香りを漂わせる。味わいはやや甘口ながら、口のなかで甘みと入れ替わるように爽やかな酸味が現れる。

15度未満　Bahuaud Cabernet D'Anjou 04
¥1575　ドナシャン バユオー社：サントリー

● ポルトガル

マテウス ロゼ

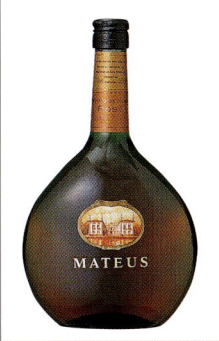

世界中で愛されている弱発泡性タイプ

印象的な扁平瓶に詰められた弱発泡性のロゼで、単一の銘柄としては世界で最も売れている。穏やかな甘い香りを放ち、キリッとした酸味とわずかな泡立ちが爽快感を与えてくれる。ワイン入門者にはおすすめの一本だ。

11度　Mateus Rosé　¥987　ソグラペ社：サントリー

● フランス

シャトー サント ローズリーヌ プレステージ ロゼ

南仏で造られたさっぱりとした味わい

生産地のプロヴァンスは、ローマ時代からワイン造りが行われていた歴史ある地域。このワインの銘柄は、小豆、ベリー類、乾燥させたハーブなどの香りを漂わせる。喉越しはしっとりとして飲みやすく、ドライな酸味とわずかなタンニンが、後口をさっぱりとしてくれる。

12.5度　Château Sainte Roseline Cru Classé Prestige Rosé 04
¥2100　シャトー サント ローズリーヌ クリュ クラッセ：ブリストル・ジャポン

生産者と消費者にみるロゼワインの意義

ロゼワインはなぜあるのだろうか？生産者側の理由としては、ブドウの着色が十分に望めない場合や、より色と風味の濃い赤ワインを得るために発酵途中に液抜きをしても、ロゼワインとして商品化できるため。一方、飲む側にとってのロゼは、昼間の光の下でこそ美しい色合いを楽しめて、渋みも淡いために軽く冷やしてアウトドアで、サンドウィッチやバーベキューとともに気軽に楽しめる。ピクニックワインとしても重宝されるのである。

● 南アフリカ

アーニストン ベイ ロゼ

宝石のような鮮烈な輝きを放つ一本

ルビーのような鮮やかな輝きを持ち、見た目でも楽しませてくれるボトル。ピノ・ノワール種とサンソー種を交配してできた、ピノタージュ種という品種を使用している。かすかな甘み、広がりのある酸味、軽やかな渋みが調和していて、カラッとした後口へと続く。

12.5度　Arniston Bay Rose 04　参考商品
オムニア ワインズ

スパークリングワイン

シャンパンに代表される発泡性のワイン。世界各国で本格的な製品が造られている。シャンパンに代表されるシャープな酸味と熟成感、キメ細やかな泡立ちが持ち味だ。

White
Red
Rosé
Sparkling
Port & Sherry

● フランス

ヴーヴ・クリコ イエローラベル ブリュット

パワフルな泡立ちが印象深い一本

マダム・クリコで知られるシャンパンハウスの銘柄。ピノ・ノワール種をメインにピノ・ムニエ種、シャルドネ種から造られたイエローラベルは、舌の上で泡が盛り上がるような力強さが感じられる。一方で、繊細な酸味もあり、なめらかな余韻が長く続く。

12度　Veuve Clicquot Yellow Label Brut NV　¥5565
ヴーヴ・クリコ・ポンサルダン：ヴーヴ・クリコ ジャパン

● フランス

ローラン・ペリエ ウルトラ・ブリュット

風味や喉越しがエレガントな超辛口

ウルトラ・ブリュットという名前のとおり、超辛口な一本。香りは複雑かつ繊細で、レーズンパン、アプリコット、ローリエ、炒ったアーモンドなどのニュアンスを感じさせる。泡立ちは非常に長く、優雅な風味やキメ細やかで豊かな酸味、つややかな喉越しを持つ。

12度　Laurent-Perrier Ultra Brut　¥6825
ローラン・ペリエ：ジェロボーム

●フランス
クレマン・ド・ブルゴーニュ ブリュット ミレジム タストヴィナージュ

きき酒騎士団も太鼓判！

ブルゴーニュのきき酒騎士団に認証された銘柄。ブリオッシュ、マーマレード、わずかなハチミツを思わせる香りがあり、泡立ちは穏やかで舌をなでるような優しい感触。いきいきとした酸味とドライすぎない飲み口のやわらかさが身上だ。

12.8度　Crémant de Bourgogne Millesime Tastevinage 01　¥2415　ルイ・ピカメロ：モトックス

●フランス
クレマン・ダルザス メトド トラディショネル ブリュット レゼルブ

喉越しのよいドライな後口が特徴的

クレマンとはグラス内面のリング状の泡のクリーミーなことで、発泡性のこの銘柄は白い干しブドウ、バームクーヘン、ライムなどの香りがある。味わいは軽快かつシャープで、やさしい泡立ちとすべるような喉越しを持ち、辛口のフィニッシュへと続く。

12度　Crémant d'Alsace, Méthode Traditionnelle, Brut, Réserve　¥2730　ピエール スパー：大榮産業

シャンパンにも多様なタイプあり

シャンパンもブドウ品種と使用比率、熟成期間とブレンド技法の違いによる味わいと風味のタイプ分類ができる。①爽快な酸味を主体とした軽い味わいのタイプ。1日目からするすると飲め、シャープな喉越しとキレが強調された、レセプション(迎賓・乾杯)向け。②黒ブドウを多く用いた熟成風味の濃いタイプ。2杯、3杯と飲み進めて、幅広い料理に対応できるディナー向け。③①と②の中間、ミディアムタイプ。大手メゾンの基幹商品に多く見られる。

●フランス
ゴッセ ブリュット・エクセレンス

歴史のあるハウスが手がけたボトル

この銘柄を手がけているのは、1584年創業のシャンパーニュで最も古いハウスのひとつ。アイ村の力強いピノ・ノワール種を用いて、コクのある味わいに仕上げている。繊細で伸びやかな酸味を感じさせた後、再び香ばしい余韻が表れる。

12度　Gosset Brut Excellence　¥5107　ゴッセ社：サッポロビール

●フランス
ブリュット・レゼルヴ

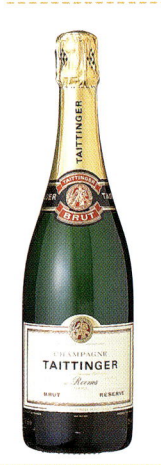

J・ボンドがこよなく愛したボトル

イアン・フレミングの原作『ジェームス・ボンド シリーズ』で、ボンドが愛飲する銘柄で、英国にもファンが多い。グラスに注いだ瞬間から、泡立ちの豊かさと泡持ちのよさを感じさせるのが身上。ふんわりとした口当たりがあるが、後半からはシャープなキレ味を示す。

12度　Brut Réserve　¥6307　テタンジェ：日本リカー

●フランス
ブリュット アンペリアル

世界的に抜群の知名度を誇る銘柄

シャンパンメーカーの最大手、モエ・エ・シャンドン社が手がけている銘柄で、世界的に知名度の高いシャンパンのひとつ。泡立ちは非常に強く、松の実、蒸した栗、乾燥させたハーブを思わせる香りは泡立ちにのって現れる。やわらかでスムーズな喉越しも楽しい。

12度　Brut Impérial　¥5040　モエ・エ・シャンドン社：MHD ディアジオ モエ ヘネシー

●フランス
ボランジェ・スペシャル・キュヴェ・ブリュット

コクのある濃い味わいが際立つ

黒ブドウをメインに用いたコクのあるシャンパン。琥珀がかった色合いを持っており、まろやかでやさしい泡立ちが、ゆっくりと湧き上がる。濃厚な熟成感を強くアピールする味わいで、ナッティでどこか懐かしい香りの余韻を長い時間感じさせる。

12度　Bollinger Special Cuvée Brut　¥8400
ボランジェ社：ラ・ラングドシェン

●フランス
ポメリー・ブリュット・ロワイヤル

辛口タイプの先駆者の手による一本

ポメリー社は、ブリュットタイプのシャンパンを手がけた先駆けとして知られている。香りはカシューナッツ、バニラアイスクリーム、ハチミツなどのイメージ。軽やかでつややかな飲み口で、クリアな後口のなかにほのかなナッツの印象を見出せる。

12.5度　Pommery Brut Royal　¥5460　ポメリー：メルシャン

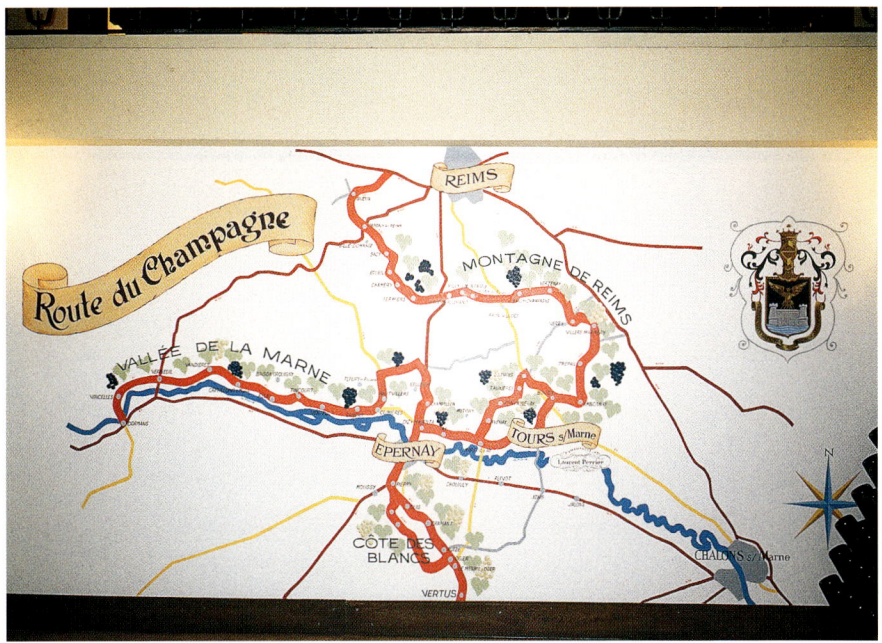

シャンパーニュ地方は3つの地区に分けられる

● フランス

マム ド クラマン グラン クリュ

上質のシャルドネで醸された味わい

クラマン村の特級区域のシャルドネ種だけで造られた、レセプション向きの銘柄。香りはカシューナッツ、菩提樹のハーブティー、イングリッシュ・ブレッドなどを思わせる繊細なニュアンスを持つ。味わいは軽やかで、美しい酸味と、泡立ちが秀逸。

12度　Mumm de Cramant Grand Cru
¥10500　G.H.マム社：サントリー

● フランス

マム コルドン ルージュ ブリュット

おめでたい席で楽しみたい一本

ラベルには赤いリボンがデザイン。百年前のポスターでも同じデザインのボトルが描かれている。近年ではF1レースの表彰台で行われるシャンパンファイトでもお馴染みの銘柄だ。ソフトな飲み口で、泡立ちはキメ細やかで持ちがよく、スムーズに味わいが展開していく。

12度　Mumm Cordon Rouge Brut　¥5775
G.H.マム社：サントリー

●イタリア
ピノ シャルドネ スプマンテ

泡立ちと酸味が爽快な飲み口を演出

ピノ・ビアンコ種とシャルドネ種をブレンドしたスプマンテ。イタリアらしい洒落た瓶とラベルの外観を持つ。香りはマカデミアナッツ、青リンゴ、アプリコットなどの印象。勢いのある泡立ちと豊かな酸味、ドライな後口が、強い爽快感をもたらしてくれる。

11.7度　Pinot Chardonnay Spumante NV　¥1313　サンテロ：モトックス

●イタリア
キアリ・ランブルスコ・ロッソ

アメリカでも人気の赤い発泡性ワイン

発泡性のある赤ワインとして、ヨーロッパやアメリカでも愛用者が多いカジュアルなワイン。プラム、干しブドウなどを思わせる香りのニュアンスを持つ。グレープジュースのような甘みと渋みを持ち、わずかな泡がはじけた瞬間に、イチゴの香りが広がる。

9度未満　Chiarli Lambrusco Rosso　¥899　キアリ社：サッポロビール

●ドイツ
ツェラー・シュヴァルツェ・カッツ・ゼクト

シュワルツ・カッツの発泡酒版

ラベルの黒猫でお馴染みのシュヴァルツェ・カッツを泡立ちの細やかなゼクトに仕上げている。フルーティな甘い香りに加えて、かすかにハチミツ、クレソンなどのような要素を感じさせる。ほのかな甘みや、泡立ちと同時に展開していく、軽く爽やかな酸味が楽しい。

12度　Zeller Schwarze Katz Sekt　¥1817　グスタフ・アドルフ・シュミット：メルシャン

●イタリア
フランチャコルタ・ブリュット

白ワイン替わりにも飲めるスプマンテ

瓶内二次発酵と18か月の熟成が法律的に義務付けられた、イタリアのスプマンテ。フルーツの要素とナッツの香ばしさが融合した風味を持ち、後口にミネラルの心地よい苦みが感じられる。シーフード全般と相性がよく、上質の白ワイン同様の感覚で味わえる。

12.5度　Franciacorta DOCG Brut　¥4725　カ・デル・ボスコ：フードライナー

シャンパンサーベル(サベラージュ)の由来

ボトルの針金で縛られた栓とガラス首部を、サーベルとガス圧で割り飛ばす儀式・サベラージュ。18世紀ごろ、当時はまだ新参ワインだったシャンパンのメーカーが宣伝を兼ねて、史上最強を誇るフランス海軍にシャンパンを寄贈したことに始まる。海軍士官は出艦の際に甲板上でボトルの首先端を海上に割り飛ばし、瓶を身代わりに見立てて飲み干し、自軍の安全と勝利を祈念したのだ。現在でも婚礼や船の進水式などの門出に行われている。

● スペイン
カステルブランチ ブリュット ゼロ

非常にドライな飲み口が印象深い

バルセロナ北方の冷涼な区域で造られたカバ。ブリュットは生のまま、ゼロは甘みを加えていないという意味で、その名のとおり超辛口に仕上がっている。マスカット、ナシ、クレソンのような香りがあり、シャープな飲み口から、からりとした後口へとつながる。

11度　Castellblanch Brut Zero　¥1722
カステルブランチ社：サントリー

● スペイン
フレシネ コルドン ネグロ

食前酒に最適な爽快感のある一本

スペイン最大のカバ生産者のフラッグシップ的銘柄。ミネラルの風合いのなかにナッツや、ライムのようなキリリとした香りを感じさせる。ほのかな甘みを持ち、泡がはじけていくのと同時に爽やかな酸味と心地よい苦みが食欲をそそる。

11度　Freixenet Cordon Negro　¥1722
フレシネ社：サントリー

● スペイン
コドーニュ・ピノ・ノワール・ブリュット

パーティに持ち寄りたい紅色のカヴァ

スペインのカバで唯一、ピノ・ノワール種だけを使った鮮やかな色合いの一本。干しブドウの風味をおびたピノ・ノワール種らしい含み香があり、強い泡立ちがすがすがしさを感じさせる。ボトルも洒落たデザインなので、パーティなどに持参するのもおすすめだ。

12度　Codorniu Pinot Noir Brut　¥2636
コドーニュ：メルシャン

アルゼンチンでのスパークリングワイン造り

●オーストラリア
パイパーズ ブルック スパーク・ピーリー

クオリティの高い新大陸の銘柄

新大陸のスパークリングワインでは最も高値を付けるもののひとつ。オーク樽で熟成させたピノ・ノワール種、シャルドネ種の原酒と数％のリザーヴワインをブレンドしている。泡立ちはやわらかで、余韻に香ばしい風味があり、価格に見合う満足感が得られる。

12.5度　Pipers Brook Sparkling Pirie 98　￥6300
パイパーズ ブルックエステート：ヴィレッジ・セラーズ

●オーストラリア
グリーン ポイント ヴィンテージ ブリュット

シャンパンメーカーの技術が満載

モエ・エ・シャンドン社がプロデュースするヤラ・ヴァレー産スパークリングワイン。ピノ・ノワール種とシャルドネ種を用いて、シャンパンとまったく同じ製法で造られている。酸味と泡立ちに一体感があり、爽快な風味にはナッティーな熟成感も織り込まれている。

14度未満　Green Point Vintage Brut 02　￥2940　グリーン・ポイント・ヴィンヤーズ：MHD ディアジオ モエ ヘネシー

Port Wine & Sherry

ポートワイン&シェリー

ブドウをおもな原料として製造の段階でブランデーなどを添加し熟成させた長期保存にも耐えるエネルギッシュさとまろやかさを備えたタイプ。

● スペイン

アレクサンダー ゴードン ドライ アモンティリャード

香ばしい味わいの長期熟成型シェリー

フィノ・シェリーを長期熟成させた、深い琥珀色の銘柄。香りは複雑でビーワックス、ハチミツ、クルミ、黒パンなどの要素を持つ。舌の上で甘みに似た味が瞬間的に感じられた後、マガホニー材のような香ばしい味わいが立ち上がり、ドライなフィニッシュへと続く。

18.5度　Alexander Gordon Dry Amontillade
¥3150　マルケス デイルン：大榮産業

● スペイン

サンデマン ドライ・セコ

黒マントの男でお馴染みのシェリー

ラベルに描かれた黒マントの男が有名な、サンデマンシリーズの中辛口フィノ・シェリー。ほのかな白い干しブドウの香りにアーモンド、クルミ、干した麦わらなどのニュアンスが感じられる。明確なミネラル味を持ち、香ばしい風味がゆったりと感じられる。

15度　Sandeman Dry Seco　¥2504
サンデマン社：ペルノ・リカール・ジャパン

● スペイン
ドメック シェリー マンサニーリャ

塩気のある味わいがこの銘柄の特徴

生産地はシェリーの三角地帯の一角、海岸に面したサン・ルカール・デ・バラメーダ。この地域の辛口のフィノ・タイプは、マンサニーリャと呼ばれている。シェリーよりやや淡い色合いで、鮮烈な香りを持ち、にがりを思わせるかすかな塩気が感じられる。

15度　Domecq Sherry Manzanilla　¥2079
ペドロ・ドメック社：サントリー

● スペイン
ティオ・ペペ

世界中で愛されているドライな味わい

ペペおじさんという名の極ドライなフィノ・シェリー。世界中のホテル、レストラン、客船バーに置かれているといっても過言ではないほど、ポピュラーな銘柄だ。ドライな味わいのなかに密度の高いこなれた酸味が現れ、ミネラル感豊かな後口へとつながる。

15度　スペイン　Tio Pepe　¥2045　ゴンザレス・ビアス：メルシャン

● スペイン
ドメック シェリー ラ・イーナ

香ばしい余韻とドライな後口が楽しい

シェリーの巨大メーカー、ペドロ・ドメック社の代表的フィノ・シェリー。香りはグリーンオリーブ、白ゴマ、ルッコラ、レモンなどを思わせる。こなれた味の要素が次々と現れ、ナッツやコーヒー豆のような香ばしい余韻が現れる。後口はドライなフィニッシュだ。

15.5度　Domecq Sherry La Ina　¥2342
ペドロ・ドメック社：サントリー

ワインの保存性を高める先人の知恵

今のように完全密封できる栓やガラス瓶も冷蔵庫もない時代から、ワインを保存する方法は工夫されてきた。それはワインを変質、酸化させる微生物と空気、欠減との戦いであった。そのひとつの方法がワインを造る段階で果汁またはワインにブランデーなどを添加、樽に貯蔵し、保存性と防腐性を高める技法。寒冷地から熱帯の間を何度も移動する大航海時代に船の輸送に耐え、船中の楽しみとなり、同時に思わぬ熟成の妙を発見したのである。

100年以上前に使われていたティオ・ペペのワイン蔵

●スペイン
ハーベイ シェリー ブリストル クリーム

甘口のシェリーを代表する一品

ブリストルはイギリスの港湾都市。銘柄名は、かつてこの港でスペインから樽で輸送されたシェリーをブレンド、瓶詰めしていたことに由来する。辛口のドライ、中甘口のミルク、甘口のクリームがあるが、この銘柄はクリームの代表格。なめらかな味わいだ。

17.5度　Harveys Bristol Cream　¥2856
ハーベイ社：サントリー

●スペイン
ドン・ソイロ・アモンティリャード

トップメーカーが手がけたボトル

製造元はシェリーメーカーのなかでもトップクラスで、シェリー愛好家から高い評価を受けているドン・ソイロ。この銘柄は長期熟成させた辛口で、濃い飴色をしている。松の実、ヘーゼルナッツ、お香を思わせる深い香りを持ち、余韻には香ばしい熟成香が現れる。

18.5度　Don Zoilo Amontillado　¥2558
ドン・ソイロ：アサヒビール

●ポルトガル
サンデマン ファイン リッチ マディラ

大西洋の島で造られた独特な味わい

モロッコ沖合い650kmに位置するマディラ島の特産品で、高い保存性と独特な風味を持つ。香りはキャラメル、中国の老酒、炒った松の実、ハチミツなどのイメージ。濃密な甘みと、熟成からもたらされる心地よい苦みを持ち合わせ、印象深い後口へと続く。

19度　Sandeman Fine Rich Madeira　¥2862
サンデマン社：ペルノ・リカール・ジャパン

●ポルトガル
グラハム・トゥニー10年

調和して溶け合った味わいが特徴的

黄褐色がかったレンガ色をトゥニーというが、この銘柄は10年熟成の結果、名前どおりの色を帯びている。味わいはポートワインのエネルギッシュなアルコール感と老熟さが渾然一体になった印象。枯れた渋みとなめらかな飲み口で、ハチミツの後味のような甘みを持つ。

20度　Graham's Tawny 10years　¥4725　グラハム：アサヒビール

●ポルトガル
サンデマン ルビー・ポート

どっしりとした甘みと渋みが魅力

ポート、シェリーの老舗のルビー色をした若いタイプのポート。香りは干しブドウ、プラム、アルマニャック・ブランデーを思わせる。甘みと強いタンニンを感じさせる味わいで、甘みと渋みが打ち消し合うように消えた後に、干しブドウのような余韻が現れる。

19度　Sandeman Ruby Port　¥2862　サンデマン社：ペルノ・リカール・ジャパン

●ポルトガル
サンデマン ホワイト・ポート

味の均整がとれたポートワイン

ポートワインのなかでは白い色をした銘柄。はっきりとした甘みと重厚な酸味、ブドウからもたらされた心地よいミネラル味のバランスがとれた、まるい味わいが楽しめる。食前酒のほか、魚介類の臭み消しやお菓子の味付けなど、料理酒としても広く利用されている。

20度　Sandeman White Port　¥2862　サンデマン社：ペルノ・リカール・ジャパン

ワイン INDEX

～ A ～

Alexander Gordon Dry Amontillade	アレクサンダー ゴードン ドライ アモンティリャード（シェリー）	205
Amethystos Regional Wine of Macedonia 02	アメジストス 赤（赤）	186
Aragosta Vermentino di Sardegna DOC 04	"アラゴスタ" ヴェルメンティーノ・ディ・サルディーニャ（白）	146
Arboleda Chardonnay 03	アルボレダ・シャルドネ（白）	166
Arniston Bay Rosé 04	アーニストン ベイ ロゼ（ロゼ）	197

～ B ～

Bahuaud Cabernet D'Anjou 04	バユオー カベルネ ダンジュ（ロゼ）	196
Barbaresco 99	バルバレスコ（赤）	181
BarbarescoD.O.C.G.99	バルバレスコ（赤）	190
Barolo 99	バローロ（赤）	190
Beaujolais Villages 03	ボジョレ ヴィラージュ（赤）	173
Beaune 1er Cru "Clos des Mouches" blanc 01	ボーヌ プルミエ・クリュ クロ・デ・ムーシュ ブラン（白）	154
Beringer Founder's Estate Pinot Noir 02	ベリンジャー ファウンダース・エステート ピノ・ノワール（赤）	174
Beronia Gran Reserva 95	ベロニア・グラン・レセルバ（赤）	191
Bollinger Special Cuvée Brut	ボランジェ・スペシャル・キュヴェ・ブリュット（スパークリング）	200
Boschendal Pinot Noir Chardonnay 03	ボッシェンダル ピノ・ノワール シャルドネ（白）	167
Bourgogne Rouge Bons Bâtons 02	ブルゴーニュ・ルージュ・ボン・バトン（赤）	180
Brauneberger Juffer-Sonnenuhr Kabinett 02	ブラウネベルガー ユッファー ゾンネンウーア カビネット（白）	156
Brunello di Montalcino D.O.C.G 99	ブルネッロ・ディ・モンタルチーノ（赤）	191
Brut Impérial	ブリュット アンペリアル（スパークリング）	200
Brut Réserve	ブリュット・レゼルヴ（スパークリング）	200
Burgerspital Zum Hl. Geist 02	ヴュルツブルガー シュタイン シルヴァーナー トロッケン（白）	148

～ C ～

Casillero del Diablo Pinot Noir 04	カッシェロ・デル・ディアブロ ピノ・ノワール（赤）	177
Castel Giocondo 99	フレスコバルディ カステル・ジョコンド（赤）	189
Castellblanch Brut Zero	カステルブランチ ブリュット ゼロ（スパークリング）	203
Castello di Nipozzano Riserva 01	カステロ・ディ・ニポッツアーノ・リゼルヴァ（赤）	189
Castello di Pomino Benefizio 03	カステロ・ディ・ポミーノ・ベネフィッツィオ（白）	162
Catena Alamos Cabernet Sauvignon 02	カテナ アラモス カベルネ ソーヴィニヨン（赤）	186
Chablis Grand Régnard 02	シャブリ・グラン・レニャー（白）	153
Chablis-Vaudésir00	シャブリ グラン・クリュ ヴォーデジール（白）	153
Chardonnay Reserve Ladner Barrique 98	シャルドネ リザーヴ リート ラドナー バリック（白）	165

Chassagne-Montrachet 1er Cru Morgeot Blanc 01
シャサーニュ・モンラッシェ・プルミエ・クリュ・モルジョ・ブラン（白）・・・・・・・・・・・・・・・・・・・・・・・・・・・・・ 161
Château Brillant 97　シャトー ブリヤン 赤（赤）・・ 184
Château Canon-La-Gaffelière 96　シャトー カノン・ラ・ギャフリエール（赤）・・・・・・・・・・・・・・・・・・ 188
Château du Domaine de L'Eglise 98　シャトー・デュ・ドメーヌ・ド・レグリーズ（赤）・・・・・・・・ 189
Château de Caiy Cahors 02　カオール（シャトー ド ケー）（赤）・・・・・・・・・・・・・・・・・・・・・・・・・・・・・・ 187
Château de Tracy Pouilly-Fumé 03　シャトー・ド・トラシィ・プイィ・フュメ（白）・・・・・・・・・・・・・ 153
Château du Cléray Muscadet Sèvre et Maine sur Lie 04
ミュスカデ・セーヴル・エ・メーヌ シュール・リー"シャトー・デュ・クレレ"オート・クルチュール（白）・・・・・・ 145
Château Le Thibaut 02　シャトー・ル・チボ（白）・・ 168
Château Malartic Lagravière　シャトー マラルティック・ラグラヴィエール（白）・・・・・・・・・・・・ 153
Château Mercian Nagano Chardonnay 04　シャトー・メルシャン 長野シャルドネ（白）・・・・・・・・ 157
Château Mercian Nagano Merlot 01　シャトー・メルシャン 長野メルロー（赤）・・・・・・・・・・・・ 184
Château Puy Blanquet 99　シャトー ピュイ ブランケ（赤）・・・・・・・・・・・・・・・・・・・・・・・・・・・・・・・・ 179
Château Sainte Roseline Cru Classé Prestige Rosé 04
シャトー サント ローズリーヌ プレステージ ロゼ（ロゼ）・・・・・・・・・・・・・・・・・・・・・・・・・・・・・・・・・ 197
Château Siaurac 01　シャトー・シオラック（赤）・・ 188
Château Sociando-Mallets 02　シャトー・ソシアンド・マレ（赤）・・・・・・・・・・・・・・・・・・・・・・・・・・・・ 188
Château Suduiraut 98　シャトー・スデュイロー（白）・・・・・・・・・・・・・・・・・・・・・・・・・・・・・・・・・・・・・・ 168
Château Takeda 01　シャトー・タケダ 赤（赤）・・・ 184
Chianti Classico 03　キアンティ クラッシコ（赤）・・・ 173
Chiarli Lambrusco Rosso　キアリ・ランブルスコ・ロッソ（スパークリング）・・・・・・・・・・・・・・・・ 202
Chinon Rouge, Domaine des Hardonnière 03　シノン ルージュ ドメーヌ デ ザルドニエール（赤）・・・ 172
Christian Moueix "Pomerol" 02　クリスチャン ムエックス ポムロール（赤）・・・・・・・・・・・・・・ 179
Cloudy Bay Sauvignon Blanc 05　クラウディー ベイ ソーヴィニヨン ブラン（白）・・・・・・・・・・ 159
Codorniu Pinot Noir Brut　コドーニュ・ピノ・ノワール・ブリュット（スパークリング）・・・・ 203
Coldstream Hills Pinot Noir 04　コールドストリーム ヒルズ ピノ ノワール（赤）・・・・・・・・・・ 183
Colline Selection Rouge Gold Merlot & Cabernet Sauvignon 00
コリーヌ・セレクション・ルージュ・ゴールド メルロー＆カベルネ・ソーヴィニヨン（赤）・・・・ 183
Cornas 03　コルナス（赤）・・ 188
Corton-Charlemagne 02　コルトン・シャルルマーニュ（白）・・・・・・・・・・・・・・・・・・・・・・・・・・・・・・・ 161
Côte-Rôtie 00　コート・ロティ（赤）・・・ 187
Côtes du Rhône Paralléle 45 Rouge 01　コート・デュ・ローヌ・パラレル45・ルージュ（赤）・・・・ 172
Côtes du Ventoux Blanc 02　コート・デュ・ヴァントゥー・ブラン（白）・・・・・・・・・・・・・・・・・・・・ 144
Credo Cabernet Sauvignon 03　クリード カベルネ ソーヴィニヨン（赤）・・・・・・・・・・・・・・・・・・ 195
Credo Sauvignon Blanc 04　クリード ソーヴィニヨンブラン（白）・・・・・・・・・・・・・・・・・・・・・・・・ 159
Crémant d'Alsace, Méthode Traditionnelle, Brut, Réserve
クレマン・ダルザス メトド トラディショネル ブリュット レゼルブ（スパークリング）・・・・・・・・ 199
Crémant de Bourgogne Millesime Tastevinage 01
クレマン・ド・ブルゴーニュ ブリュット ミレジム タストヴィナージュ（スパークリング）・・・・ 199
Croze Hermitage Rouge 02　クローズ・エルミタージュ・ルージュ（赤）・・・・・・・・・・・・・・・・・・ 179
Cuvée Misawa Private Reserve 01　キュヴェ三澤 赤 プライベート・リザーブ（赤）・・・・・・ 193

D

Dao Grao Vasco 01　ダンワイン グラン ヴァスコ（赤）･･････････････ 185
DECORDI Soave 03　デコルディ・ソアーヴェ（白）･････････････････ 147
Delicato Merlot 03　デリカート・メルロー（赤）･････････････････ 174
Domäne Müller Der Cabernet Sauvignon 01
　ドメーネ・ミューラー・デル・カベルネ・ソーヴィニヨン（赤）･･････ 185
Domecq Sherry La Ina　ドメック シェリー ラ・イーナ（シェリー）･･････ 206
Domecq Sherry Manzanilla　ドメック シェリー マンサニーニャ（シェリー）･･ 206
Don Zoilo Amontillado　ドン・ソイロ・アモンティリャード（シェリー）･･ 207
Drylands Marlborough Pinot Noir 04　ドライランズ・ピノ・ノワール（赤）･･ 177

E

Eaglehawk Cabernet Sauvignon 04　イーグルホーク カベルネ・ソーヴィニヨン（赤）･･ 182
Egon Müller Riesling Q.b.A. 02　エゴン・ミューラー・リースリング Q.b.A.（白）･･ 148
Eitelsbacher Karthäuserhofberg Riesling Spätlese 02
　アイテルスバッハー・カルトホイザーホーフベルク・リースリング・シュペートレーゼ（白）･･ 170
Est! Est!! Est!!! 04　エスト！エスト!!エスト!!!（白）･････････････ 146
Etchart Rio de Plata Cabernet Sauvignon 03　エチャート リオ・デ・プラタ カベルネ・ソーヴィニヨン（赤）･･ 186
Etchart Rio de Plata Chardonnay 03　エチャート リオ・デ・プラタ シャルドネ（白）･･ 158

F

Furmint Dry Mandulas 02　フルミント・ドライ・マンデュラス（白）･････ 166
Firesteed Pinot Noir 02　ファイアスティード ピノ・ノワール（赤）･････ 174
Fond de Cave Chardonnay 04　トラピチェ・フォン・ド カーブ シャルドネ（白）･･ 158
Franciacorta DOCG Brut　フランチャコルタ・ブリュット（スパークリング）･･ 202
Freixenet Cordon Negro　フレシネ コルドン ネグロ（スパークリング）･･ 203

G

Gavi 03　ガヴィ D.O.C.G.（白）････････････････････････････ 155
Gevrey Chambertin Champeaux 01　ジュヴレ・シャンベルタン・シャンポー（赤）･･ 189
Gewürztraminer 03　ゲヴュルツトラミネール（白）･････････････ 160
Givry Cellier aux Moines 99　ジヴリー セリエ オー モアンヌ（赤）･････ 179
Gosset Brut Excellence　ゴッセ ブリュット・エクセレンス（スパークリング）･･ 199
Graham's Tawny 10years　グラハム・トゥニー10 年（ポート）･････････ 208
Grande Polaire Nagano Furusato Vineyard Cabernet Sauvignon 03
　グランポレール 長野古里ぶどう園 カベルネ・ソーヴィニヨン2003（赤）（赤）･･ 193
Green Point Reserve Chardonnay 02　グリーン・ポイント・リザーヴ・シャルドネ（白）･･ 164
Green Point Vintage Brut 02　グリーン ポイント ヴィンテージ ブリュット（スパークリング）･･ 204

H

Harveys Bristol Cream　ハーベイ シェリー ブリストル クリーム（シェリー）･･ 207
Hochheimer Königin Victoriaberg Riesling Kabinett 04
　ホッホハイマー ケーニギン ヴィクトリアベルク リースリング カビネット（白）･･ 171

K

Kobewine Select Red　神戸ワイン スペシャル (赤) ········· 176

L

Laurent-Perrier Ultra Brut　ローラン・ペリエ ウルトラ・ブリュット (スパークリング) ········· 198
Leeuwin Estate Art Series Riesling 04　ルーウィン・エステート アートシリーズ・リースリング (白) ········· 150
Lés enfants Cabernet Franc 04　レザンファン カベルネフラン (赤) ········· 185
L'Espoir Katsunuma Kosyu Sur Lie 04　エスポワール勝沼甲州 シュール・リー (白) ········· 150

M

Marc Brédif Vouvray 03　マルク・ブレディフ・ヴーヴレイ (白) ········· 169
Markham Chardonnay 03　マーカム・シャルドネ (白) ········· 164
Marques De Alella Classico 03　マルケス デ アレーリャ クラシコ (白) ········· 163
Marqués de Riscal Blanco Reserva Limousin 02　マルケス・デ・リスカル ブランコ・レゼルバ・リムザン (白) ········· 163
Marques de Riscal Tinto Reserva 00　マルケス・デ・リスカル ティント・レゼルバ (赤) ········· 182
Mateus Rosé　マテウス ロゼ (ロゼ) ········· 197
Matua Paretai Vineyard Sauvignon Blanc 04　マトゥア パレタイ・ヴィンヤード・ソーヴィニヨン・ブラン (白) ········· 159
Mêdon-Villages Vieilles Vignes 03　マコン・ヴィラージュ ヴィエイユ・ヴィーニュ (白) ········· 144
Meerlust Chardonnay 01　ミヤルスト シャルドネ (白) ········· 167
Meerlust Merlot 02　ミヤルスト メルロー (赤) ········· 195
Mercurey 1er Cru Clos des Barraults 01　メルキュレ・プルミエ・クリュ・クロ・デ・バロール (赤) ········· 180
Meursault Limozin 03　ムルソー・リモザン (白) ········· 162
Monasterio de Santa Ana Syrah 04　モナステリオ・デ・サンタ・アナ シラー (赤) ········· 182
Moscato d'Asti 04　モスカート・ダスティ (白) ········· 170
Mumm Cordon Rouge Brut　マム コルドン ルージュ ブリュット (スパークリング) ········· 201
Mumm de Cramant Grand Cru　マム ド クラマン グラン クリュ (スパークリング) ········· 201
Muscat de Rivesaltes Pyrene　ミュスカ・ド・リヴザルト ピレーヌ (白) ········· 169

N

Nebbiolo d'Alba Occhetti 01　ネッビオロ・ダルバ・オケッティ (赤) ········· 190
Neusiedlersee-Hugelland MOZART 02　モーツァルトワイン (赤) (赤) ········· 176
Nikolaihof ELISABETH 03　ニコライホフ エリザベス (白) ········· 165
Noblesse du Temps Jurançon Moelleux 01　ノブレス・デュ・タン ジュランソン・モワルー (白) ········· 169

O

Okuizumowine Merlot 03　奥出雲ワイン・メルロ (赤) ········· 176
Overhäuser Leistenberg Riesling Kabinett 04
オーバーホイザー ライシュテンベルク リースリング カビネット (白) ········· 156

P

P.J.Valckenberg MADONNA Kabinett 04　ファルケンベルク マドンナ カビネット (白) ········· 171
Palette Blanc 02　パレット・ブラン (白) ········· 154
Pavillon Rouge du Château Margaux 03　パヴィヨン ルージュ デュ シャトー マルゴー (赤) ········· 180
Penfolds Koonunga Hill Chardonnay 04　ペンフォールド・クヌンガ・ヒル・シャルドネ (白) ········· 164
Perdaudin Roero Arneis DOC 02　ペルダウディン ロエーロ アルネイス DOC (白) ········· 155

212

Piduco Creek Merlot Oak Aged 03　ピデュコ・クリーク・メルロー オーク樽熟成（赤）	177
Piesporter Michelsberg Q.b.A. 00　ピースポーター・ミヘルスベルク Q.b.A（白）	148
Pinot Chardonnay Spumante NV　ピノ シャルドネ スプマンテ（スパークリング）	202
Pipers Brook Pinot Noir 03　パイパーズブルック・ピノ・ノワール（赤）	183
Pipers Brook Sparkling Pirie 98　パイパーズ ブルック スパーク・ピーリー（スパークリング）	204
Plaisir De Merle Chardonnay 98　プレジール・ド・メール・シャルドネ（白）	166
Pommery Brut Royal　ポメリー・ブリュット・ロワイヤル（スパークリング）	200
Pouilly-Fuissé Vieilles Vignes 02　プイイ・フュイッセ ヴィエイユ・ヴィーニュ（白）	162
Pruno 01　プルーノ（赤）	190
Puligny Montrachet 1er Cru Clavoillons 03　ピュリニー・モンラッシェ 一級 クラヴォワヨン（白）	161

Q

Quartz Reef Pinot Noir 03　クオーツ・リーフ・ピノ・ノワール（赤）	186

R

"R" de Rieussec 03　エール ド リューセック（白）	160
Réon Beyer Riesling 02　レオン・ベイエ リースリング（白）	145
Rias Baixas Arbariño 03　リアス・バイシャス アルバリーニョ（白）	149
Ridge Cabernet Santa Cruz Mountains 99　リッジ・カベルネ サンタクルーズ マウンテンズ（赤）	192
Riesling Cuvée Tradition 02　リースリング・キュヴェ・トラディション（白）	145
Robert Mondavi Carneros Chardonnay 02　ロバート・モンダヴィ・カーネロス・シャルドネ（白）	164
Robert Mondavi Carneros Pinot Noir 99　ロバート・モンダヴィ・カーネロス・ピノ・ノワール（赤）	192
Robert Weil Riesling Q.B.A 03　ロバート ヴァイル リースリング（白）	149
Rosemount Estate Traditional 02　ローズマウント・エステート・トラディショナル（赤）	193
Rubaiyat Kosyu Sur Lie 04　ルバイヤート甲州 シュール リー（ボルドーボトル）（白）	151
Rueda Superior 02　ルエダ・スペリオーレ（白）	163
Ruffino Chianti Classico Riserva Ducale Gold 00　ルフィーノ キャンティ クラッシコ リゼルヴァ ドゥカーレ ゴールド（赤）	191
Ruffino Orvieto Classico 04　ルフィーノ オルヴィエート クラッシコ（白）	147
Rully 1er Cru Clos Saint-Jacques 02　リュリー一級 クロ・サン・ジャック（白）	154

S

Saint-Véran Cuvée Prestige 02　サン・ヴェラン キュヴェプレステージ（白）	152
Sancerre Blanc Les Romains 03　サンセール ブラン レ ロマン（白）	152
Sandeman Dry Seco　サンデマン ドライ・セコ（シェリー）	205
Sandeman Fine Rich Madeira　サンデマン ファイン リッチ マディラ（マディラ）	208
Sandeman Ruby Port　サンデマン ルビー・ポート（ポート）	208
Sandeman White Port　サンデマン ホワイト・ポート（ポート）	208
Sangiovese 02　サンジョヴェーゼ（赤）	182
Santa Digna Cabernet Sauvignon 03　サンタディグナ カベルネ・ソーヴィニヨン（赤）	194
Santa Digna Sauvignon Blanc 04　サンタディグナ ソーヴィニヨン・ブラン（白）	151
Satsuki Nagane Budohen 04　五月長根葡萄園（白）	150
Scharzhofberger Riesling Kabinett 04　シャルツホーフベルガー リースリング カビネット（白）	156

Soave Classico Superiore D.O.C.G. 03　ソアーヴェ・クラッシコ・スペリオーレ (白)	146
Solaris Shinshu Komoro Chardonnay 02　ソラリス信州小諸 シャルドネ樽仕込 (白)	165
St.Cousair Chardonnay 03　サンクゼール・シャルドネ (白)	157
Sonoma County Fumé Blanc 03　ソノマ・カウンティ フュメ・ブラン (白)	156
Sonoma County Merlot 01　ソノマ・カウンティ・メルロー (赤)	192
Steinberger Riesling Kabinett 04　シュタインベルガー リースリング カビネット (白)	148
Suntory Tomi No Oka Winery Miharashidaien Cabernet Sauvegnon 97　サントリー登美の丘ワイナリー 見晴らし台園 カベルネソーヴィニヨン (赤)	183

T

Takahata Chardonnay 99　高畠シャルドネ樽発酵 (白)	157
Takahata Merlot 01　高畠メルロ (赤)	184
Tavel 03　タヴェル (ロゼ)	196
Tenuta di Lilliano Chianti Classico 03　テヌータ・ディ・リリアーノ キアンティ・クラッシコ (赤)	181
Tessano San Marino Riserva 00　テッサーノ・サン・マリノ・リゼルヴァ (赤)	181
Thandi Pinot Noir 02　タンディ ピノ・ノワール (赤)	177
Tio Pepe　ティオ・ペペ (シェリー)	206
To r res Gran Sangre de Toro 00　トーレス グラン サングレ デ トロ (赤)	191
Toriino　鳥居野 〈赤〉(赤)	176
Torres Milmanda 02　トーレス ミルマンダ (白)	163
Trebbiano d'Abruzzo 03　トレビアーノ・ダブルッツォ (白)	147
III B & Auromon Blanc 04　III B (トワベー)・エ・オウモン 白 (白)	154

U

Undurraga Founder's Collection 02　ウンドラーガ ファウンダース・コレクション (赤)	194

V

Valmiñor Albariño 04　バルミニョール・アルバリーニョ (白)	149
Verdicchio dei castelli di Jesi Classico 03　ヴェルディッキオ・ディ・カステッリ・ディ・イエージ・クラシコ (白)	146
Vergelegen Cabernet Sauvignon 00　フィルハーレヘン・カベルネ・ソーヴィニヨン (赤)	194
Vernaccia di San Gimignano San Biagio 03　ヴェルナッチャ・ディ・サン・ジミニャーノ・サン・ビアッジョ (白)	155
Vertina Barrique 00　ベラティナ バリック (赤)	194
Veuve Clicquot Yellow Label Brut NV　ヴーヴ・クリコ イエローラベル ブリュット (スパークリング)	198
Volnay 1er Cru Clos de La Bousse D'or 03　ヴォルネイ 一級 クロ・ド・ラ・ブス・ドール (赤)	178
Vosne-Romanée 02　ヴォーヌ ロマネ (赤)	178
Vrisenhof Pinot Noir 03　フリーゼンホフ ピノ・ノワール (赤)	195

W

Wolf Blass Yellow Label Shiraz 02　ウルフ・ブラス イエローラベル シラーズ (赤)	193
Wyndham Estate BIN333 Pinot Noir 03　ウィンダム・エステート BIN333 ピノ・ノワール (赤)	175
Wyndham Estate BIN777 Semillon Sauvignon Blanc 04　ウィンダム エステート BIN777 セミヨン・ソーヴィニヨン・ブラン (白)	150

Y

Yellow Tail Shiraz 04　イエローテイル・シラーズ（赤） 175

Z

Zeller Schwarze Katz Q.b.A. 03　ツェラー・シュヴァルツェ・カッツ・Q.b.A.（白） 170
Zeller Schwarze Katz Sekt　ツェラー・シュヴァルツェ・カッツ・ゼクト（スパークリング） 202

国別ワイン INDEX

フランス

Bahuaud Cabernet D'Anjou 04　バユオー カベルネ ダンジュ（ロゼ） 196
BeaujolaisVillages03　ボジョレ・ヴィラージュ（赤） 173
Beaune 1er Cru "Clos des Mouches" Blanc 01　ボーヌ プルミエ・クリュ クロ・デ・ムーシュ ブラン（白） 154
Bollinger Special Cuvée Brut　ボランジェ・スペシャル・キュヴェ・ブリュット（スパークリング） 200
Bourgogne Rouge Bons Bâtons 02　ブルゴーニュ・ルージュ・ボン・バトン（赤） 180
Brut Impérial　ブリュット アンペリアル（スパークリング） 200
Brut Réserve　ブリュット・レゼルヴ（スパークリング） 200
Chablis Grand Cru "Vaudésir" 00　シャブリ グラン・クリュ ヴォーデジール（白） 153
Chablis Grand Régnard 02　シャブリ・グラン・レニャー（白） 153
Chassagne-Montrachet 1er Cru Morgeot Blanc 01
　シャサーニュ・モンラッシェ・プルミエ・クリュ・モルジョ・ブラン（白） 161
Château Canon-La-Gaffelière 96　シャトー カノン・ラ・ギャフリエール（赤） 188
Château du Domaine de L'Eglise 98　シャトー・デュ・ドメーヌ・ド・レグリーズ（赤） 189
Château de Caiy Cahors 02　カオール（シャトー ド ケー）（赤） 187
Château de Tracy Pouilly-Fumé 03　シャトー・ド・トラシィ・ブイィ・フュメ（白） 153
Château du Cléray Muscadet Sèvre et Maine sur Lie 04
　ミュスカデ・セーヴル・エ・メーヌ シュール・リー "シャトー・デュ・クレレ" オート・クルチュール（白） 145
Château Le Thibaut 02　シャトー・ル・チボ（白） 168
Château Malartic Lagravière　シャトー マラルティック・ラグラヴィエール（白） 153
Château Puy Blanquet 99　シャトー ピュイ ブランケ（赤） 179
Château Sainte Roseline Cru Classé Prestage Rosé 04　シャトー サント ローズリーヌ プレステージ ロゼ（ロゼ） 197
Château Siaurac 01　シャトー・シオラック（赤） 188
Château Sociando-Mallet 02　シャトー・ソシアンド・マレ（赤） 188
Château Suduiraut 98　シャトー・スデュイロー（白） 168
Chinon Rouge, Domaine des Hardonnière 03　シノン ルージュ ドメーヌ デ ザルドニエール（赤） 172
Christian Moueix "Pomerol" 02　クリスチャン ムエックス ポムロール（赤） 179
Cornas 03　コルナス（赤） 188

Corton-Charlemagne 02　コルトン・シャルルマーニュ (白)	161
Côte-Rôtie 00　コート・ロティ (赤)	187
Côtes du Rhône Parallèle 45 Rouge 01　コート・デュ・ローヌ・パラレル 45・ルージュ (赤)	172
Côtes du Ventoux Blanc 02　コート・デュ・ヴァントゥー・ブラン (白)	144
Crémant d'Alsace, Méthode Traditionnelle, Brut, Réserve クレマン・ダルザス メトド トラディショネル ブリュット レゼルブ (スパークリング)	199
Crémant de Bourgogne Millesime Tastevinage 01 クレマン・ド・ブルゴーニュ ブリュット ミレジム タストヴィナージュ (スパークリング)	199
Croze Hermitage Rouge 02　クローズ・エルミタージュ・ルージュ (赤)	179
Gevrey Chambertin Champeaux 01　ジュヴレ・シャンベルタン・シャンポー (赤)	189
Gewürztraminer 03　ゲヴュルツトラミネール (白)	160
Givry Cellier aux Moines 99　ジヴリー セリエ オー モアンヌ (赤)	179
Gosset Brut Excellence　ゴッセブリュット・エクセレンス (スパークリング)	199
Laurent-Perrier Ultra Brut　ローラン・ペリエ ウルトラ・ブリュット (スパークリング)	198
Mâcon-Villages Vieilles Vignes 03　マコン・ヴィラージュ ヴィエイユ・ヴィーニュ (白)	144
Marc Brédif Vouvray 03　マルク・ブレディフ・ヴーヴレイ (白)	169
Mercurey 1er Cru Clos des Barraults 01　メルキュレ・プルミエ・クリュ・クロ・デ・バロール (赤)	180
Meursault Limozin 03　ムルソー・リモザン (白)	162
Mumm Cordon Rouge Brut　マム コルドン ルージュ ブリュット (スパークリング)	201
Mumm de Cramant Grand Cru　マム ド クラマン グラン クリュ (スパークリング)	201
Muscat de Rivesaltes Pyrene　ミュスカ・ド・リヴザルト ピレーヌ (白)	169
Noblesse du Temps Jurançon Moelleux 01　ノブレス・デュ・タン ジュランソン・モワルー (白)	169
Palette Blanc 02　パレット・ブラン (白)	154
Pavillon Rouge du Château Margaux 03　パヴィヨン ルージュ デュ シャトー マルゴー (赤)	180
Pommery Brut Royal　ポメリー・ブリュット・ロワイヤル (スパークリング)	200
Pouilly-Fuissé Vieilles Vignes 02　プイィ・フュイッセ ヴィエイユ・ヴィーニュ (白)	162
Puligny-Montrachet 1er Cru Clavoillons 03　ピュリニー・モンラッシェ 一級 クラヴォワヨン (白)	161
"R" de Rieussec 03　エール ド リューセック (白)	160
Réon Beyer Riesling 02　レオン・ベイエ リースリング (白)	145
Riesling Cuvée Tradition 02　リースリング・キュヴェ・トラディション (白)	145
Rully 1er Cru Clos Saint-Jacques 02　リュリー 一級 クロ・サン・ジャック (白)	154
Saint-Véran Cuvée Prestige 02　サン・ヴェラン キュヴェ プレステージ (白)	152
Sancerre Blanc Les Romains 03　サンセール ブラン レ ロマン (白)	152
Tavel 03　タヴェル (ロゼ)	196
Veuve Clicquot Yellow Label Brut NV　ヴーヴ・クリコ イエローラベル ブリュット (スパークリング)	198
Volnay 1er Cru Clos de La Bousse D'or 03　ヴォルネイ 一級 クロ・ド・ラ・ブス・ドール (赤)	178
Vosne-Romanée 02　ヴォーヌ ロマネ (赤)	178

イタリア

Aragosta Vermentino di Sardegna DOC 04　"アラゴスタ" ヴェルメンティーノ・ディ・サルデーニャ (白)	146
Barbaresco 99　バルバレスコ (赤)	181
Barbaresco D.O.C.G. 99　バルバレスコ (赤)	190
Barolo 99　バローロ (赤)	190

Brunello di Montalcino D.O.C.G. 99　ブルネッロ・ディ・モンタルチーノ（赤）	191
Castel Giocondo 99　フレスコバルディ カステル・ジォコンド（赤）	189
Castello di Nipozzano Riserva 01　カステッロ・ディ・ニポッツァーノ・リゼルヴァ（赤）	189
Castello di Pomino Benefizio 03　カステッロ・ディ・ポミーノ・ベネフィッツィオ（白）	162
Chianti Classico 03　キアンティ クラッシコ（赤）	173
Chiarli Lambrusco Rosso　キアリ・ランブルスコ・ロッソ（スパークリング）	202
DECORDI Soave 03　デコルディ・ソアーヴェ（白）	147
Est! Est!! Est!!! 04　エスト！エスト!!エスト!!!（白）	146
Franciacorta DOCG Brut　フランチャコルタ・ブリュット（スパークリング）	202
Gavi 03　ガヴィ D.O.C.G.（白）	155
Moscato d'Asti　モスカート・ダスティ（白）	170
Nebbiolo d'Alba Occhetti 01　ネッビオロ・ダルバ・オケッティ（赤）	190
Perdaudin Roero Arneis DOC 02　ペルダウディン ロエーロ アルネイス DOC（白）	155
Pinot Chardonnay Spumante NV　ピノ シャルドネ スプマンテ（スパークリング）	202
Pruno 01　プルーノ（赤）	190
Ruffino Chianti Classico Riserva Ducale Gold 00	
ルフィーノ キャンティ クラッシコ リゼルヴァ ドゥカーレ ゴールド（赤）	191
Ruffino Orvieto Classico 04　ルフィーノ オルヴィエート クラッシコ（白）	147
Soave Classico Superiore D.O.C.G. 03　ソアーヴェ・クラッシコ・スペリオーレ（白）	146
Tenuta di Lilliano Chianti Classico 03　テヌータ・ディ・リリアーノ キアンティ クラッシコ（赤）	181
Tessano San Marino Riserva 00　テッサーノ・サン・マリノ・リゼルヴァ（赤）	181
Trebbiano d'Abruzzo 03　トレビアーノ・ダブルッツオ（白）	147
Ⅲ B & Auromon Blanc 04　Ⅲ B（トワベー）・エ・オウモン 白（白）	154
Verdicchio dei castelli di Jesi Classico 03　ヴェルディッキオ・ディ・カステリ・ディ・イエージ・クラシコ（白）	146
Vernaccia di San Gimignano San Biagio 03　ヴェルナッチャ・ディ・サン・ジミニャーノ・サン・ビアッジョ（白）	155

ドイツ

Brauneberger Juffer-Sonnenuhr Kabinett 02　ブラウネベルガー ユッファー ゾンネンウーア カビネット（白）	156
Burgerspital Zum Hl. Geist 02　ヴュルツブルガー シュタイン シルヴァーナー トロッケン（白）	148
Egon Müller Riesling Q.b.A. 02　エゴン・ミューラー・リースリング Q.b.A.（白）	148
Eitelsbacher Karthäuserhofberg Riesling Spätlese 02	
アイテルスバッハー・カルトホイザーホーフベルク・リースリング・シュペートレーゼ（白）	170
Hochheimer Königin Victoriaberg Riesling Kabinett 04	
ホッホハイマー ケーニギンヴィクトリアベルク リースリング カビネット（白）	171
Overhäuser Leistenberg Riesling Kabinett 04	
オーバーホイザー ライシュテンベルク リースリング カビネット（白）	156
P.J.Valckenberg MADONNA Kabinett 04　ファルケンベルク マドンナ カビネット（白）	171
Piesporter Michelsberg Q.b.A. 00　ピースポーター・ミヘルスベルクQ.b.A（白）	148
Robert Weil Riesling Q.B.A 03　ロバート ヴァイル リースリング（白）	149
Scharzhofberger Riesling Kabinett 04　シャルツホーフベルガー リースリング カビネット（白）	156
Steinberger Riesling Kabinett 04　シュタインベルガー リースリング カビネット（白）	148
Zeller Schwarze Katz Q.b.a. 03　ツェラー・シュヴァルツェ・カッツ・Q.b.A.（白）	170
Zeller Schwarze Katz Sekt　ツェラー・シュヴァルツェ・カッツ・ゼクト（スパークリング）	202

～スペイン～

Alexander Gordon Dry Amontillade	アレクサンダー ゴードン ドライ アモンティリヤード（シェリー）	205
Beronia Gran Reserva 95	ベロニア・グラン・レゼルバ（赤）	191
Castellblanch Brut Zero	カステルブランチ ブリュット ゼロ（スパークリング）	203
Codorniu Pinot Noir Brut	コドーニュ・ピノ・ノワール・ブリュット（スパークリング）	203
Domecq Sherry La Ina	ドメック シェリー ラ・イーナ（シェリー）	206
Domecq Sherry Manzanilla	ドメック シェリー マンサニーリャ（シェリー）	206
Don Zoilo Amontillado	ドン・ソイロ・アモンティリャード（シェリー）	207
Freixenet Cordon Negro	フレシネ コルドン ネグロ（スパークリング）	203
Harvey's Bristol Cream	ハーベイ シェリー ブリストル クリーム（シェリー）	207
Marqués de Alella Classico 03	マルケス デ アレーリャ クラシコ（白）	163
Marqués de Riscal Blanco Reserva Limousin 02	マルケス・デ・リスカル ブランコ・レゼルバ・リムザン（白）	163
Marqués de Riscal Tinto Reserva 00	マルケス・デ・リスカル ティント・レゼルバ（赤）	182
Monasterio de Santa Ana Syrah 04	モナステリオ・デ・サンタ・アナ シラー（赤）	182
Rias Baixas Arbariño 03	リアス・バイシャス アルバリーニョ（白）	149
Rueda Superior 02	ルエダ・スペリオーレ（白）	163
Sandeman Dry Seco	サンデマン ドライ・セコ（シェリー）	205
Tio Pepe	ティオ・ペペ（シェリー）	206
Torres Gran Sangre de Toro 00	トーレス グラン サングレ デ トロ（赤）	191
Torres Milmanda 02	トーレス ミルマンダ（白）	163
Valmiñor Albariño 04	バルミニョール・アルバリーニョ（白）	149

～アメリカ～

Beringer Founder's Estate Pinot Noir 02	ベリンジャー ファウンダース・エステート ピノ・ノワール（赤）	174
Delicato Merlot 03	デリカート・メルロー（赤）	174
Firesteed Pinot Noir 02	ファイアスティード ピノ・ノワール（赤）	174
Markham Chardonnay 03	マーカム・シャルドネ（白）	164
Ridge Cabernet Santa Cruz Mountains 99	リッジ・カベルネ サンタクルーズ マウンテンズ（赤）	192
Robert Mondavi Carneros Chardonnay 02	ロバート・モンダヴィ・カーネロス・シャルドネ（白）	164
Robert Mondavi Carneros Pinot Noir 99	ロバート・モンダヴィ・カーネロス・ピノ・ノワール（赤）	192
Sangiovese 02	サンジョヴェーゼ（赤）	182
Sonoma County Fumé Blanc 03	ソノマ・カウンティ フュメ・ブラン（白）	156
Sonoma Conuty Melrot 01	ソノマ・カウンティ メルロー（赤）	192

～オーストラリア～

Coldstream Hills Pinot Noir 04	コールドストリーム ヒルズ ピノ ノワール（赤）	183
Eagle hawk Cabernet Sauvignon 04	イーグルホーク カベルネ・ソーヴィニヨン（赤）	182
Green Point Reserve Chardonnay 02	グリーン・ポイント・リザーヴ・シャルドネ（白）	164
Green Point Vintage Brut 02	グリーン ポイント ヴィンテージ ブリュット（スパークリング）	204
Leeuwin Estate Art Series Riesling 04	ルーウィン・エステート アートシリーズ・リースリング（白）	150
Penfolds Koonunga Hill Chardonnay 04	ペンフォールド・クヌンガ・ヒル・シャルドネ（白）	164
Pipers Brook Pinot Noir 03	パイパーズブルック・ピノ・ノワール（赤）	183
Pipers Brook Sparkling Pirie 98	パイパーズ ブルック スパーク ピーリー（スパークリング）	204
Rosemount Estate Traditional 02	ローズマウント・エステート・トラディショナル（赤）	193

Wolf Blass Yellow Label Shiraz 02　ウルフ・ブラス イエローラベル シラーズ（赤）……………… 193
Wyndham Estate BIN333 Pinot Noir 03　ウィンダム・エステート BIN333 ピノ・ノワール（赤）……………… 175
Wyndham Estate BIN777 Semillon Sauvignon Blanc 04
　ウィンダム エステート BIN777 セミヨン・ソーヴィニヨン・ブラン（白）……………… 150
Yellow Tail Shiraz 04　イエローテイル・シラーズ（赤）……………… 175

日本

Château Brillant 97　シャトー ブリヤン 赤（赤）……………… 184
Château Mercian Nagano Chardonnay 04　シャトー・メルシャン 長野シャルドネ（白）……………… 157
Château Mercian Nagano Melrot 01　シャトー・メルシャン 長野メルロー（赤）……………… 184
Château Takeda 01　シャトー・タケダ 赤（赤）……………… 184
Colline Selection Rouge Gold Merlot & Cabernet Sauvignon 00
　コリーヌ・セレクション・ルージュ・ゴールド メルロー＆カベルネ・ソーヴィニヨン（赤）……………… 183
Cuvée Misawa Private Reserve 01　キュヴェ三澤 赤 プライベート・リザーブ（赤）……………… 193
Grande Polaire Nagano Furusato Vineyard Cabernet Sauvignon 03
　グランポレール 長野古里ぶどう園 カベルネ・ソーヴィニヨン 2003（赤）（赤）……………… 193
Kobewine Select Red　神戸ワイン スペシャル（赤）……………… 176
Les' enfants Cabernet Franc 04　レザンファン カベルネフラン（赤）……………… 185
L'Espoir Katsunuma Kosyu Sur Lie 04　エスポワール勝沼甲州 シュール・リー（白）……………… 150
Okuizumowine Merlot 03　奥出雲ワイン・メルロ（赤）……………… 176
Rubaiyat Kosyu Sur Lie 04　ルバイヤート甲州 シュールリー（ボルドーボトル）（白）……………… 151
Satsuki Nagane Budohen 04　五月長根葡萄園（白）……………… 150
Solaris Shinshu Komoro Chardonnay 02　ソラリス信州小諸 シャルドネ樽仕込（白）……………… 165
St.Cousair Chardonnay 03　サンクゼール・シャルドネ（白）……………… 157
Suntory Tomi No Oka Winery Miharashidaien Cabernet Sauvignon 97
　サントリー登美の丘ワイナリー 見晴らし台園 カベルネソーヴィニヨン（赤）……………… 183
Takahata Chardonnay 99　高畠シャルドネ樽発酵（白）……………… 157
Takahata Merlot 01　高畠メルロ（赤）……………… 184
Toriino　鳥居野＜赤＞（赤）……………… 176

ポルトガル

Dao Grao Vasco 01　ダンワイン グラン ヴァスコ（赤）（赤）……………… 185
Graham's Tawny 10years　グラハム・トゥニー10年（ポート）……………… 208
Mateus Rosé　マテウス ロゼ（ロゼ）……………… 197
Sandeman Fine Rich Madeira　サンデマン ファイン リッチ マディラ（マディラ）……………… 208
Sandeman Ruby Port　サンデマン ルビー・ポート（ポート）……………… 208
Sandeman White Port　サンデマン ホワイト・ポート（ポート）……………… 208

オーストリア

Chardonnay Reserve Ladner Barrique 98　シャルドネ リザーヴ リート ラドナー バリック（白）……………… 165
Domäne Müller Der Cabernet Sauvignon 01　ドメーネ・ミューラー・デル・カベルネ・ソーヴィニヨン（赤）……………… 185
Neusiedlersee-Hugelland MOZART 02　モーツァルトワイン（赤）（赤）……………… 176
Nikolaihof ELISABETH 03　ニコライホフ エリザベス（白）……………… 165

Vertina Barrique 00　ベラティナ バリック（赤）	194

～～ ハンガリー ～～

Furmint Dry Mandulas 02　フルミント・ドライ・マンデュラス（白）	166

～～ ギリシャ ～～

Amethystos Regional Wine of Macedonia 02　アメジストス 赤（赤）	186

～～ チリ ～～

Arboleda Chardonnay 03　アルボレダ・シャルドネ（白）	166
Santa Digna Sauvignon Blanc 04　サンタディグナ ソーヴィニヨン・ブラン（白）	151
Casillero del Diablo Pinot Noir 04　カッシェロ・デル・ディアブロ ピノ・ノワール（赤）	177
Piduco Creek Merlot Oak Aged 03　ピデュコ・クリーク・メルロー オーク樽熟成（赤）	177
Santa Digna Cabernet Sauvignon 03　サンタディグナ カベルネ・ソーヴィニヨン（赤）	194
Undurraga Founder's Collection 02　ウンドラーガ ファウンダース・コレクション（赤）	194

～～ アルゼンチン ～～

Catena Alamos Cabernet Sauvignon 02　カテナ アラモス カベルネ ソーヴィニヨン（赤）	186
Etchart Rio de Plata Cabernet Sauvignon 03　エチャート リオ・デ・プラタ カベルネ・ソーヴィニヨン（赤）	186
Etchart Rio de Plata Chardonnay 03　エチャート リオ・デ・プラタ シャルドネ（白）	158
Fond de Cave Chardonnay 04　トラピチェ・フォン・ド カーブ シャルドネ（白）	158

～～ ニュージーランド ～～

Cloudy Bay Sauvignon Blanc 05　クラウディー ベイ ソーヴィニヨン ブラン（白）	159
Drylands Marlborough Pinot Noir 04　ドライランズ・ピノ・ノワール（赤）	177
Matua Paretai Vineyard Sauvignon Blanc 04　マトゥア パレタイ・ヴィンヤード ソーヴィニヨン・ブラン（白）	159
Quartz Reef Pinot Noir 03　クオーツ・リーフ ピノ・ノワール（赤）	186

～～ 南アフリカ ～～

Arniston Bay Rosé 04　アーニストン ベイ ロゼ（ロゼ）	197
Boschendal Pinot Noir Chardonnay 03　ボッシェンダル ピノ・ノワール シャルドネ（白）	167
Credo Cabernet Sauvignon 03　クリード カベルネ ソーヴィニヨン（赤）	195
Credo Sauvignon Blanc 04　クリード ソーヴィニヨンブラン（白）	159
Meerlust Chardonnay 01　ミヤルスト シャルドネ（白）	167
Meerlust Merlot 02　ミヤルスト メルロー（赤）	195
Plaisir De Merle Chardonnay 98　プレジール・ド・メール・シャルドネ（白）	166
Thandi Pinot Noir 02　タンディ ピノ・ノワール（赤）	177
Vergelegen Cabernet Sauvignon 00　フィルハーレヘン・カベルネ・ソーヴィニヨン（赤）	194
Vrisenhof Pinot Noir 03　フリーゼンホフ ピノ・ノワール（赤）	195

メーカー問合せ先一覧

オエノングループ 合同酒精(株)
東京都中央区銀座6-2-10
03-3575-2787(オエノングループお客様センター)

大塚食品(株)
東京都千代田区神田美土代町3　泉国際産業ビル4F
03-3219-1391

(有)奥出雲葡萄園
島根県雲南市木次町寺領2273-1
0854-42-3480

キッコーマン(株)
東京都港区西新橋2-1-1
0120-120358(お客様相談室)

(財)神戸みのりの公社
兵庫県神戸市西区押部谷町高和字性海寺山1557-1
078-991-3911

サッポロビール(株)
東京都渋谷区恵比寿4-20-1　恵比寿ガーデンプレイス内
0120-207800(お客様相談センター)

(株)サドヤ醸造場
山梨県甲府市北口3-3-24
055-253-4114

(株)サンクゼールワイナリー
長野県上水内郡飯綱町大字芋川1260
026-253-7002

サントリー(株)
大阪府大阪市北区堂島浜2-1-40
0120-139-310(お客様センター)

ジェロボーム(株)
東京都港区北青山2-12-16　北青山吉川ビル4F
03-5786-3180

(株)JALUX
東京都品川区東品川2-4-11 JALビルディング
03-5460-7156

アサヒビール(株)
東京都墨田区吾妻橋1-23-1
0120-011121(お客様相談室)

麻屋葡萄酒(株)
山梨県甲州市勝沼町等々力166
0553-44-1022

(株)アルカン
東京都中央区日本橋蛎殻町1-5-6
03-3664-6591

イズミ・トレーディング・カンパニー・リミテッド
東京都板橋区板橋1-12-8
03-3964-2272

(株)稲葉
愛知県名古屋市中川区江松5-228
052-301-1441

ヴィレッジ・セラーズ(株)
富山県氷見市上田上野6-5
0766-72-8680

ヴーヴ・クリコ　ジャパン
東京都港区南青山1-1-1　新青山ビル東館15F
03-3478-5784

(株)エイ・エム・ズィー
東京都港区南青山1-15-16　山城ビル3F
03-5771-7701

(株)エイ・ダヴリュー・エイ
兵庫県西宮市高塚町2-14
0798-72-7022

(株)エーデルワイン
岩手県花巻市大迫町大迫10-18-3
0198-48-3037

MHD ディアジオ モエ ヘネシー
東京都千代田区神田神保町1-105　神保町三井ビル13F
03-5217-9733

メーカー問合せ先一覧

日本リカー(株)
東京都港区三田2-14-5　フロイントゥ三田ビル3F
03-3453-2201

ファームストン(株)
東京都大田区大森西5-27-4　ファームストンビル6F
03-3761-5354

(株)ファインズ
東京都渋谷区道玄坂1-19-2　スプライン3F
03-6415-3082

(有)フードライナー
兵庫県神戸市東灘区向洋町東4-5　森本倉庫ビル5F
078-858-2043

(有)伏見ワインビジネスコンサルティング
神奈川県横浜市金沢区富岡西6-1-31
045-771-4587

ブリストル・ジャポン(株)
東京都港区赤坂4-8-6　赤坂余湖ビル7F
03-3796-3332

ペルノ・リカール・ジャパン(株)
東京都文京区後楽2-3-21　住友不動産飯田橋ビル5F
03-5802-2671

丸藤葡萄酒工業(株)
山梨県甲州市勝沼町藤井780
0553-44-0043

マンズワイン(株)
山梨県甲州市勝沼町山400
0553-44-1151

三国ワイン(株)
東京都中央区京橋1-14-4
03-5524-1392

ミリオン商事(株)
東京都中央区新川1-15-2
03-3551-7408

JSRトレーディング(株)
東京都中央区築地5-6-10
浜離宮パークサイドプレイス1F
03-3248-9075

大榮産業(株)
本社
愛知県名古屋市中村区本陣道4-18
052-482-7231
東京支店
東京都品川区南大井3-20-16
03-3768-1266

高畠ワイン(株)
山形県東置賜郡高畠町大字糠野目2700-1
0238-57-4800

(有)タケダワイナリー
山形県上山市四ッ谷2-6-1
023-672-0040

丹波ワイン(株)
京都府船井郡京丹波町豊田鳥居野96
0771-82-2002

中央葡萄酒(株)
山梨県甲州市勝沼町等々力173
0553-44-1230

トーメンフーズ(株)
東京都中央区新川1-26-2　新川NSビルディング5F
03-5542-8610

豊田通商(株)
東京都中央区日本橋2-14-9　豊田通商ビル
03-3242-8001

(株)中川ワイン販売
東京都墨田区江東橋3-1-3
03-3631-7979

(株)日食
大阪府大阪市北区野崎町9-10
06-6314-3655

ラ・ラングドシェン㈱
東京都中央区東日本橋1-9-10　TMEビル
03-5825-1829

㈱ラック・コーポレーション
東京都港区赤坂5-2-39　円通寺ガデリウスビル1F
03-3586-7501

㈱ルミエール
山梨県笛吹市一宮町南野呂624
0553-47-0207

大和葡萄酒㈱
山梨県甲州市勝沼町等々力776
0553-44-0433

㈱明治屋
東京都中央区京橋2-2-8
03-3271-1136

メルシャン㈱
東京都中央区京橋1-5-8
03-3231-3961（お客様相談室）

㈱モトックス
大阪府東大阪市小阪本町1-9-10
06-6723-3131

モンテ物産㈱
東京都渋谷区神宮前5-52-2　青山オーバルビル
0120-348566

撮影協力：Verre、RISTORANTE ACQUAPAZZA
写真提供：木村克己、川村浩資、高橋恵美子、古川なぎ、つるっぺ、フランス食品振興会、フランス政府観光局、スペイン大使館経済商務部、ドイツワイン基金駐日代表部、スペイン政府観光局、オーストラリアワイン輸出協議会、チリ大使館商務部、ギリシャ政府観光局、スイス政府観光局、ニュージーランド観光局、ハンガリー政府観光局、ITP、㈱ヴィノスやまざき（静岡本店054-252-2470）、アサヒビール㈱、サントリー㈱、メルシャン㈱、モンテ物産㈱、ジェトロ、ワールドフォトサービス、大塚国際美術館（P12、写真は大塚国際美術館の展示作品を撮影したもの）※順不同
参考文献：『ポケット・ワイン・ブック[第4版]、[第6版]』ヒュー・ジョンソン著／辻静雄料理教育研究所訳（早川書房）、『地図で見る世界のワイン』ヒュー・ジョンソン、ジャンシス・ロビンソン著／日本語版監修：山本博（産調出版）、『世界歴史地図』R.I.ムーア編／中村英勝訳（東京書籍）、『ワイン用葡萄ガイド』ジャンシス・ロビンソン著／ウォンズ パブリシング リミテッド訳（ウォンズ パブリシング リミテッド）

※気象データや生産量などは各国大使館や観光局に調査し、かつ参考文献に基づいて記載しています。

●著者紹介

木村克己（Katsumi Kimura）

1953年生まれ。日本酒造組合中央会認証日本酒スタイリスト。唎酒師呼称資格制度創設者。1985年度日本最高ソムリエ、1986年第1回パリ国際ソムリエコンクール日本代表、総合4位。ワイン、焼酎、日本酒・食品とサービス全般に造詣が深く、鋭敏な感覚からくるテイスティングには定評がある。
著書に「唎き酒で選んだ日本酒 厳選の蔵94」、「焼酎・泡盛 味わい銘酒事典」、「笑うソムリエ」がある。

ワインの教科書

著　者	木　村　克　己
発行者	富　永　靖　弘
印刷所	慶昌堂印刷株式会社

発行所　東京都台東区　株式　新星出版社
　　　　台東4丁目7　会社
〒110-0016　☎03(3831)0743　振替00140-1-72233
URL http://www.shin-sei.co.jp/

Ⓒ Katsumi Kimura　　　　　　　　　Printed in Japan

ISBN4-405-09141-2